ヒーリングあふれる、ワンランク上の日常

ハーブのあるくらしへようこそ！

CONTENTS

 写真からハーブを探す場合はP.158をCHECK！

バラ
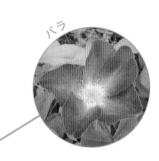

ジャスミン

セージ

ポテトサラダ

ヨモギ

©Kaunda

ミニトマト

©snackfight

アサガオ

©Aunt Owwee

本書のレシピページについて
●大さじ1は15ml、小さじ1は5mlです。
●材料の分量は各料理ごとに表示しています。
●1カップは200mlです。

1

**バジルリーフの
タブーリ**

フレッシュバジルの葉を
たっぷり使ったさっぱり
サラダ。ちょっとしたお
料理に最適です。
掲載ページ＝ P.22

 自家製
とっておき

自分で手塩にかけて育てたハーブ。料理や手芸に使って
のハーブはもちろんそれ以外の多くのハーブの育て方を
収穫後の利用法を数多く掲載しています。自家製ハーブ

2

**トマトがじゅわっとあふれる
イタリアンカツ**

摘みたてのセージは肉料理と
相性ばつぐんのハーブ。メイ
ン料理のお供に使える万能
ハーブです。
掲載ページ＝ P.35

ハーブで
の生活を

3
ハーブキャンドル
アロマ効果が期待できる
ハーブを使ってキャンド
ルを。ローズマリーなど
で作ればリラックス効果
も期待できます。
掲載ページ= P.123

みたいと思う方はきっと多いはずです。本誌では、人気
写真付きで詳しく解説しています。また育てたハーブの
でちょっとおしゃれな生活をはじめませんか。

4
リネンウォーター
カーテンやクッションなど
にシュシュッとするだけで、
お部屋にハーブの香りが漂
います。
掲載ページ= P.128

ハーブづくりの基礎

葉に虫食いや枯れかかった部分がないもの

丈が低くても、節と節が詰まっており、ひょろひょろと徒長していないもの

葉が枯れておらず、つやがあって形がよいもの

よい苗の選び方

多くのハーブの苗は、ポリポットに入って売られています。種から育てるのもだいご味ですが、はじめての方には手軽な苗からの栽培をおすすめします。市販の苗を選ぶときは、右の写真のような点に気をつけましょう。

土づくり

◀そのまま使える培養土。元肥も配合されているので、袋から出してそのまま鉢に入れるだけ。（ハイポネックス培養土 鉢・プランター用／ハイポネックスジャパン）

□すぐに使える培養土が便利

植物は養分を土から吸収するので、土選びが大切です。一般的には、保水性（水もち）、通気性があって、余分な水をためない排水性（水はけ）のよい土がベストです。自分で配合する方法もありますが、それぞれの用途に合わせて、もともとブレンドされている市販の培養土を使用するのが経済的です。袋から出してそのまま使えるので、はじめての方におすすめです。

□土を改良する市販の材料

これらのほとんどはホームセンターなどで購入することができます。

赤玉土（あかだまつち）

関東地方の土壌によく見られ、赤色の土を玉状にしたもの。粒の大きさは大・中・小とあります。土を混ぜるとすき間が大小できるので、水はけ・水もちがよくなります。

バーミキュライト

ひる石という石を焼いて発泡させ、薄い粒の状態にしたもので、軽くて耐熱性があります。粒自体にもすき間があるので、土に混ぜると水はけ・水もちがよくなります。

腐葉土

落ち葉と草と土を、交互に積んで腐らせたものです。栄養分を多くふくみ、やわらかい土壌をつくり、水はけと水もちをよくします。

苦土石灰（くどせっかい）

植物の成育に必要な苦土（マグネシウム）と、石灰（カルシウム）をふくんでいて、土に混ぜると、土の酸性が中和されます。日本の土壌は土の酸性が強いので、庭植えで育てるなら、できるだけ苦土石灰を使って中和しましょう。

パーライト

真珠石を焼いてつくった石で、穴が多く、バーミキュライトよりもさらに軽いのが特徴です。土が固く締まってしまうのを避け、適度に粗いすき間をつくるので、水はけがよくなります。

堆肥（たいひ）

植物の茎や葉を堆積して、微生物によって完全に分解させたものです。土に混ぜると水はけ・水もちがよくなり、肥えてハーブの栽培に適した土になります。また、堆肥はチッ素・リン酸・カリ・マグネシウム・カルシ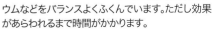ウムなどをバランスよくふくんでいます。ただし効果があらわれるまで時間がかかります。

肥料を選ぶ

植物にとって肥料は、わたしたち人間にとっての毎日の食べ物と同じ。ハーブを健康に育てるためには欠かせないものです。最近では、家庭用に手軽な有機肥料や、植物を健康に育てる活力剤・栄養剤も数多く売られています。

□ 固形肥料

固形肥料は緩効性肥料といって、ゆっくりと長い期間にわたって効果があらわれる性質です。土に混ぜこんだり、土に置くことで、雨が降ったり水やりのたびに少しずつ溶けて、根から吸収されます。元肥や収穫後の置き肥としても効果的です。土に混ぜこんで元肥として使用する「マグァンプK」や、切り戻しや収穫のあとに追肥として置いて与える「プロミック」などが手軽でおすすめです。

マグァンプK
元肥の定番。植えつけ時に土に混ぜこむだけで、効果が長く続きます。はじめての方にもおすすめです。

プロミック
早く効く成分とゆっくり効く成分を含み、安定した肥料効果が約2ヶ月持続します。

□ 液体肥料（液肥）

液体なので、与えるとすぐに根から吸収されます。効き目が早くあらわれるため、速効性肥料ともいわれています。主に成育期や収穫期など、どんどん成長する時期に、定期的に与えましょう。水に混ぜてじょうろなどで与えることで、水やりと同時に養分も与えることができます。また活力剤や栄養剤は、植物全体を健康でじょうぶにし、健康な成育を助けるものです。肥料と並行して使用することで、よりよい成長が期待できます。

ハイポネックス原液
日常の水やり時に薄めて与えるだけでOK。手軽な液肥の定番です。

活力剤・栄養剤
薄めて使う液体タイプのHB-101や、葉にかけるスプレータイプ、土にさすだけのアンプルタイプの他、固形のものもあります。

□ 有機肥料

化成肥料は手軽ですが、本来ハーブは有機物を多く含む環境で、よりよく育ちます。有機肥料を豊富に与えて育てれば、素材本来のおいしさあふれるハーブを育てることができます。油かすなどをはじめ、最近では、においも少なく手軽に使用できるものが売られています。鶏ふんや牛ふんなどもあるので、本格的に育てたい人は、挑戦してみましょう。多少のにおいが気になる方には、有機肥料と化成肥料をじょうずに組み合わせて使う方法をおすすめします。

油かす
ナタネ油をしぼったかすを固めたものです。チッ素分が多いので、葉もの野菜の成育に効果があります。

液体堆肥
堆肥の栄養分を液体にした速効性の液肥です。

市販の有機肥料
家庭でも手軽に使える有機肥料は、ホームセンターや園芸店で購入できます。

ハーブづくりに必要な道具をひとつひとつあげていくと、きりがありませんが、ここでは特に代表的で、あると便利な道具を紹介します。必要に応じて少しずつ買い足していくとよいでしょう。

水やりに使う道具

水差し

鉢植え・寄せ植えにした植物に水を与えるときや、液肥を水で薄めて与えるときに便利。

じょうろ

植物に水を与えるときに使う。できれば、はす口（水が出る部分）の穴が細かく、たくさんあいているものを選ぶとよい。

霧吹き

葉の裏側に水をかけたりするときに使う。たくさんの水を必要としない植物に、水を少量だけ与えるときにも便利。

水受け皿

鉢の下に置くと、水がまわりに流れずにすむ。ベランダや室内でハーブを育てるときに便利。

植えつけに使う道具

グローブ

ビニールや布、革製などがあり、土を直に触るのが苦手という方もこれがあれば大丈夫。

シャベル・ミニ熊手

コンテナや花壇などに、苗を植える穴を掘ったり、植えつけたりするときに使う。ミニ熊手は軽く土を耕すときに便利。

鉢底ネット

プラスチック製の網で、鉢穴の大きさに合わせて切って鉢底に敷き、土の流出や虫の侵入を防ぐ。

土入れ

使い方は小型のシャベルと同じだが、シャベルよりも土がこぼれにくく、まわりを汚さずにすむ。部分的に土を足したりするときに便利。

育苗箱（いくびょうばこ）

プラスチック製の箱で、排水のために底は網目になっている。種をまいて苗を育てるときに使う。イチゴパックなどに穴をあけても代用できる。

はけ

寄せ植えや花壇をつくる時、まわりに飛び散った土や茎の切れ端などを掃除するのに使う。ふつうのほうきなどでも代用できる。

ポリポット

ポリエチレン製の鉢で、底に排水の穴があいている。定植するまでの育苗期間に使う。市販の苗の容器にも使われている。

日々の管理に使う道具

植木バサミ

植物の茎や枝を切って整えたり、ハーブを収穫するときに使う。ふつうのハサミでも代用できるが、枝や茎が固い植物の場合は、植木バサミが便利。

ハサミ

植木バサミと使い方はほぼ一緒だが、種袋や培養土などの商品をあけたりと植物ではないものを切るときに使う。

支柱

背が高くなる植物を倒れないように支えるための柱。細長い棒ならどんなものでも代用できるが、市販の支柱は、長さ・太さにもいろいろあり、中には自由に曲げられるものもある。

ビニタイ（針金入りのビニールひも）

つるや茎を支柱に結んだり、トレリスなどに誘引（ゆういん）するときに使う。お菓子の口を結ぶひもなどでも代用できるが、市販のものの方が長くて使いやすい。

ワイヤー製の ハンギングバスケット

つるしたり、かけたりして楽しむハンギングバスケットの一種で、金属またはプラスチック製のわくにヤシ皮マットがセットになっている。

[長所] 排水性・通気性がとてもよい
[短所] 水分が流出しやすく、水やりの回数が増える

化粧鉢

模様や色のついた鉢で、高級な壷のようなものや、かわいいデザインのものなどがある。

[長所] デザインに高級感がある
[短所] 釉薬(うわぐすり)のかかったものは、排水性と通気性が悪い

プラスチック製のウォールバスケット

壁などにかけて楽しむハンギングバスケットの一種で、側面にもかんたんに苗を植えつけられるポケットがある。

[長所] 比較的安価で購入でき、じょうぶで壊れにくい
[短所] ヤシ皮のものより排水性・通気性・見た目が劣る

木製のコンテナ（タブ）

木でできた容器で、いろいろな形があり、大きさも大小ある。

[長所] 水や空気を比較的よく通す
[短所] 防水・防腐加工はしてあるが、陶器などよりは耐久性に劣る

金属のコンテナ

おしゃれな雰囲気があり、美しい塗装がしてあるものも数多くある。身近な金属製の容器の底に水抜き用の穴をあけて、代用することもできる。その場合は内側に穴をあけたビニールを張るとよい。

[長所] 大変じょうぶで壊れにくい
[短所] 使い続けているうちに腐食して、根を傷めてしまうことがある

プラスチック製のプランター

園芸店などでかんたんに手に入る。プランターや丸鉢、平丸鉢などが一般的。

[長所] 非常に安価で購入しやすく、じょうぶで壊れにくい
[短所] 排水性と通気性が悪い

古紙製のプランター

古紙を再生してつくられたリサイクル容器。

[長所] 軽くて使いやすく、古くなったら燃えるゴミとしてかんたんに処理できる
[短所] 耐久性がやや弱く、2～3年で使えなくなる

素焼き（テラコッタ）のプランター

粘土を焼いてつくった陶器で、デザインや模様、形も豊富。

[長所] 排水性と通気性がよい
[短所] やや高価なものが多く、比較的欠けたり破損しやすい

種をまく & 植えつける

種のまき方と植えつけ方をわかりやすい写真プロセスで順を追って紹介します。

種まき

種から育てるのは多少手間がかかりますが、種から育てるとたくさん収穫できてリーズナブルなのがメリットです。ハーブの種まきの方法は、おもにバラまき、すじまき、点まきの3つの方法があります。

※ここでは、まき方の方法を育苗箱（いくびょうばこ）とプランターで解説していますが、「苗に育ててから他の容器に植えつけて育てる」か「収穫まで育てる容器に直接まいて育てる」かによって、容器は使い分けるとよいでしょう。

ばらまき

直径1mm以下の小さい種の場合

ランダムな配置で、種をばらまきにします。小さい種の場合に有効です。

1 ここでは、苗床に育苗箱（いくびょうばこ）を使っています。底穴が多いので、ベランダや室内で土をこぼしたくない場合は、底にキッチンペーパーを敷くとよいでしょう。

2 培養土を、育苗箱（いくびょうばこ）の縁から2cmほどの深さまで入れます。市販の種まき用の土がおすすめです。

3 手に種をとり、育苗箱の土全体にまんべんなくまきます。

種まき後の水やり

大きい種の場合は、じょうろでゆっくり水をかけます。小さい種の場合は、水を張った大きい容器に育苗箱の底を浸すか（底面吸水）、育苗箱の土に十分水をかけたところに種をまくなどするとよいでしょう。

4 まいたところ。ある程度密になっていても、あとで間引くので問題ありません。

5 全体に軽く土をかけ、板などで軽くおさえます。大きい種は数回に分けてていねいに水を与え、小さい種は底面吸水、または水を十分にかけた後に種をまきます。

6 土の乾燥を防ぐため、新聞紙をかぶせます。発芽後は新聞紙をとり、乾燥しないようにときどき水を与えて育てます。芽が伸びてきたら、混み合ってきたところをピンセットで間引き、じょうぶなものを残します。

点まき

株と株の間を広くとって育てたいハーブ

大株に育つものなど、最終的に株間を大きくとる必要があるハーブは点まきにします。規則正しい間隔に穴をあけるのがコツです。

1 指で種をまくための穴を開けます。第1関節くらいの深さでよいでしょう。

2 穴1か所につき、種を3～4粒まきます。

3 そっと土をかぶせて水を与えます。本葉が出るまでは競争させて育て、その後は順次間引き、1つの穴ごとに一番じょうぶなものだけを残します。

すじまき

直径1〜2mmの
種の場合

種の大きさが直径1〜2mmほどの場合は、すじをつくってそこに種をまく方法がよいでしょう。1列に育つので間引きが楽にできます。

1 収穫するまで、同じ容器で育てる場合は、鉢やプランターにまきましょう。底にカットした鉢底ネットを敷きます。

2 苗を植えつけるとき（P.12）と同様に、水はけをよくするために底に赤玉土を入れ、その後培養土を入れます。

3 板切れなどで、土の表面が平らになるようにならします。

4 板や厚紙などを使って、深さ5mmくらいの溝（すじ）をつくります。

5 紙を半分に折って種を入れ、溝に沿って、厚く重ならないようにまいていきましょう。

6 土を軽くかぶせて、溝を埋めます。その後はばらまきと同じように軽く水やりし、発芽まで新聞紙をかけるか半日陰で管理し、発芽後は間引いて混み合わないようにしましょう。

＼ 種まきのコツ ／

種まきは春と秋に

春に種をまくことを春まき、秋に種をまくことを秋まきといいます。ほとんどのハーブは春まき、秋まきともできますが、秋まきの方がじょうぶに育つハーブは、カモミール、チャービル、ディル、フェンネルなどで、梅雨や夏の暑さに弱いためです。春まきは4〜5月にまきますが、あたたかくなってからの方が発芽しやすいので、八重桜が咲くころを目安にするとよいでしょう。秋まきは9〜10月ですが、彼岸のころまでに種をまき、寒くなる前に、苗を強くしておいた方がよいでしょう。

育苗した方がよいハーブ

種が非常に細かいものは、直まきにすると、発芽する前に種が水や雨で流されたり、土に埋もれてしまったりするので、育苗した方がうまくいきます。また、発芽までにかなり時間がかかるものも、育苗した方が楽に管理できます。

種が細かいハーブ
オレガノ、カモミール、レモンバームなど

発芽に時間がかかるハーブ
ラベンダー、ローズマリーなど

皮が固くて発芽しにくい種は芽出しを

固い種は、1日ほど清潔な水につけた後、湿らせたキッチンペーパーなどに包んで、そのまま置いておくか、冷蔵庫に2〜3日入れておくと、数日後芽が出てきます。これを芽出しといい、こうすることで発芽しやすくなり、全体の発芽がそろいます。わずかに芽が出てきたら、苗床にまきましょう。

よい種の見分け方

1つの種袋にはたくさんの種が入っていますが、状態の悪い種は使わないようにしましょう。シワや欠けのあるもの、他と色が違う種は状態の悪い種なので、まく前にとり除くとよいでしょう。また、大きいものの場合は、水に入れたときに沈むものがよい種といえます。

植えつけ

春に園芸店に出回るポット苗から育てると、かんたんに育てることができます。春に苗を植えつければ、すぐに育てはじめることができます。種から育てはじめたい方は、葉が5〜6枚になったら、最終的に育てる場所や容器に植えつけをはじめましょう。

1
鉢を用意します。ここでは一般的な5号（直径15cm）サイズの素焼き鉢を使用します。

2
鉢底ネットを、鉢底の穴の大きさに切って敷きます。赤玉土、または大粒の石を鉢底数cmほど敷き詰めます。これで水はけがよくなります。

3
培養土に、元肥としてマグァンプKなどの緩効性（効き目がゆっくりと長くあらわれること）肥料を混ぜます。（元肥入りの場合は不要）

4
土入れまたはシャベルで、元肥を入れた培養土を入れます。

5
いったんポット苗のまま鉢に置き、高さを確かめます。このままでは少し高すぎるようです。

6
苗を置いたときに高さがちょうどよくなるように、土を足したり、減らしたりして調整しましょう。

7
苗をとり出します。株の根元を押さえ、もう片方の手の親指をポットの底穴に入れてゆっくり押します。

8
たいていの苗がポンときれいにとり出せます。

9
根鉢（根とそのまわりの土）の下部を少しほぐします。これで根が伸びやすくなります。根がびっしりと張っている場合は少しハサミで切ります。

10
苗を鉢にそっと、まっすぐ立つように入れていきます。このとき、株元の高さが鉢の縁より2〜3cm低くなるように土の量を調整します。

11
根鉢のまわりのすき間に、少しずつ培養土を足していきます。

12
指や割りばしなどでつついて、土を奥まで軽く送りこみます。

13
根元が少し高くなるように、高さを調整します。鉢の縁に沿った部分が少し低くなるようにします。これをウォータースペースといいます。

14
じょうろでそっと水を株元に与えます。

15
植えつけて数日間は、風のあまり当たらない半日陰で管理しましょう。

16
植えつけて3〜4日たったら、日当たりと風通しのよい場所で育てましょう。土が乾いたら水をたっぷりと与えます。

POINT
上手に土の高さを調整しましょう。株元が高く、鉢の縁に沿った外側が低くなるように植えつけることで、常に水はけがよくなり、成育によい環境になります。

毎日の管理が大切

ここでは、育てる場所の注意、水やりや収穫の後の大切な作業について説明します。

■西日に注意する

西日が当たると、夜の気温や地温が高くなり、ハーブの栄養の消耗が多くなります。そのため、苗が貧弱になってしまうことがあります。また秋になると、西日が奥まで差し込み、葉焼けを起こす可能性があります。このようなときは、発泡スチロール（はっぽう）を使い、地温上昇を防いだり、寒冷紗（かんれいしゃ）などで当たる光を遮る（さえぎ）とよいでしょう。

西日に当たりすぎると、葉が焼けて傷んでしまう

西日に当たると夜にも地温が上がり、苗は栄養・体力を消耗してしまう

■苗を守る

ベランダでハーブを育てる場合は、風通しのよい場所にプランターを置くとよいでしょう。こうすることで、葉が蒸れたり、病害虫がよりついたりすることを防げます。ただし、高層マンションのベランダなどは、風が強いので、防風ネットを張ることをおすすめします。

発泡スチロールの箱でおおい、ときどきふたをあけて風通しを調整するとよいでしょう

ベランダなどは、防風ネットもおすすめ

＼ 四季の水やりのコツ ／

春

ハーブが成長しはじめる時期なので、水分をよく吸収します。土の表面が乾いたら、朝夕の時間帯に水を与えます。水やりと同時に液肥を与えてもよいでしょう。

夏

成長が盛んで、特によく水を吸収します。土が乾きやすいので、乾燥がはげしい日は朝夕の2回与えます。ただし、日中の暑い時間帯に与えると、葉や茎が蒸れてしまうので、注意しましょう。給水ボトルも便利です。

秋

冬越しに向けて抵抗力を高める必要があるので、水の量は減らします。ただし、急に減らすと植物にストレスがたまってしまうので、徐々に減らしていきましょう。

冬

夜に水が多く残っていると凍害が起こってしまうことがあります。気温が上がりはじめる10〜11時ごろに水を与え、夕方から夜にかけては乾き気味になるようにします。ハーブは冬の間、成長がとまることが多いので、特に控えめにする必要があります。

ベランダの
防暑・防寒・強風対策

ベランダ特有の過酷な環境をハーブが元気に乗り切れるよう、特別なケアも心がけてあげましょう。

防暑対策

いつもギラギラ太陽が照りつける夏のベランダ。特にコンクリートの場合は、照り返しも手伝って35℃を越えることもしばしばです。熱がたまった空間は夜になっても温度が下がりにくく、ハーブにとっては過酷な環境なので、防暑対策は万全に。特に、蒸れと西日には十分注意を払い、半日陰に移したり風通しをよくする工夫を行ってください。

よしずなどで日光を遮る
高低のスタンドで風通しをよくする
床面に直接置かない
打ち水をして地面温度を下げる
ウッドデッキやすのこを敷いて、コンクリートの照り返しを防ぐ

クーラーの室外機から出る熱風を遮るために、トレリスにベニヤ板を張った囲いを設置。間隔をあけて空気が逃げるスペースを必ずとるように。

防寒対策

冬期のベランダは、日中は暖かいのですが、夜間や冷え込む日には防寒対策が必要です。柵タイプのベランダは寒風が通り抜けるので、外気温より実際はさらに低温となり、容器栽培の場合は土の分量が少ない分、植物の根に直接寒さが伝わってしまいます。表土にマルチング剤を敷き詰めるか、かんたんな温室環境、たとえば厚手の寒冷紗やビニール袋で覆って防寒しましょう。小さい鉢なら夜間だけでも室内にとり込むとよいのですが、移動できない大きなプランターなどの場合は、段ボールをかぶせてカバーするだけでもかなりの保温効果になります。

プランターの4隅に短めの支柱や棒を立て、通気用の穴を数か所あけた厚手のビニール袋をかければ、かんたんな温室に。

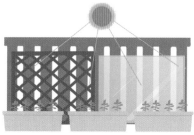

寒風が抜ける柵に、厚手のビニール板を設置すれば、日差しはそのまま確保され、寒風はシャットアウト（右側）。手軽なトレリスを立てかけるだけでも、日差しはやや陰るが、風は適度に遮られダメージも和らぐ（左側）。

強風対策

高層階のベランダの場合、強風にも注意が必要です。草丈の高いものにはしっかりと支柱を立て、風で株が倒れるのを防ぎます。市販の防風ネットなども利用して、大切な苗を守りましょう。階下の安全のために鉢をワイヤーやひもでフェンスにくくりつけるか、数個のコンテナをひとつにまとめておけば、もしものときも被害を最小限に抑えることができます。安全のためにハンギング類の容器は使わないようにしましょう。
強風を受けたときは、ベランダの掃除をかねてハーブをチェックします。折れてしまった茎や落ちてしまった果実、葉などはもとには戻らないし、そのままにしておくと病害虫の原因になるので、必ずきれいにとり除きましょう。汚れが激しいときは株全体にシャワーのように勢いよく水をかけて、ほこりを洗い流します。

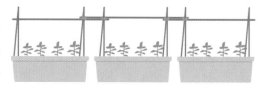

並べたコンテナを支柱でつないでひとかたまりにし、強風が来ても重みで吹き飛ばされない工夫を。

収穫

収穫しながらふやす

ハーブのほとんどは、ほかの野菜に比べて驚くほどよく育ちます。枝や葉を収穫するとわきからまた枝が伸びてきて、より多く収穫できるようになります。逆に収穫しないで放っておくと、葉と葉が混み合って風通しが悪くなり、病気が発生しやすくなってしまいます。つまり、収穫すればハーブにとってもよく、長く収穫を楽しめるという一石二鳥になるわけです。

茎の先端で摘むことを摘芯、枝を切って形を整えることを整枝といいます。これらの手入れはとても大切ですが、この手入れで摘み取った葉や花・茎なども、フレッシュハーブとして利用できます。このようにハーブづくりでは、収穫することが手入れになるという魅力があります。

1 葉や茎が成長して収穫適期のレモンバーム。放っておくと、葉と葉が混み合って蒸れてしまいます。

2 節の上1cmくらいで、ハサミで茎ごと切りとって収穫します。何か所か収穫して、風通しをよくしましょう。

3 収穫後も風通しのよい場所で育て、土が乾いたら水を与えます。やがてまたわきから枝が出るので、葉が大きくなってきたら収穫します。これをくり返すことで、長く収穫を楽しむことができます。

切り戻しと追肥

株を元気に回復させる

ハーブは成長して花を咲かせた後（花が咲かない品種もあります）、夏の終わりから秋ごろまで収穫を続けられます。この時期は収穫を兼ねて、開花した枝を切ってしまいます。これを「切り戻し」といいます。切り戻し後は株が弱るので、追肥として肥料を追加してやりましょう。花が終わったら切り戻し、切り戻したら追肥という作業は、ハーブを長く収穫するためのコツです。

1 収穫が終わったレモンバーム。ところどころ葉が枯れていて、根元に新しい葉が見えています。

2 古い枝を根元から切って取り除きます。これを切り戻しといいます。

3 化成肥料などを根元に与えて追肥します。根を傷めないように、根から離れたところに与えるのがコツ。これを追肥、またはお礼肥えといいます。

＼ 四季の追肥のポイント ／

春

ハーブの場合は、ほとんどが最初に与える元肥だけで十分ですが、春はハーブの成長する時期なので、肥料分もたくさん吸収します。株の成長が悪い場合や、たくさん葉や枝を収穫した後などは、追肥として液肥（液体肥料）を与えるとよいでしょう。追肥の回数は植物にもよりますが、目安としては月1〜2回程度にしましょう。

夏

ハーブの多くは夏の暑さが苦手です。この時期は土が乾燥しやすいので水やりの回数はふえますが、夏に肥料を必要とするかどうかは品種によって違ってきますので、注意しましょう。一般的にハーブは必要としないものが多いです。

秋

秋も成長する時期です。追肥したり、収穫後にお礼肥えを与えるようにして、冬にむけて体力をつけさせるようにしましょう。

冬

地植えなら鉢上げし、鉢植えならそのまま室内で管理しましょう。肥料は極力少なくするか、ハーブによっては与えないようにします。

収穫後の作業

収穫が終わったあとの作業をしっかり行えば、何年も収穫が楽しめるハーブもあります。ここでは、収穫後の作業とハーブのふやし方を紹介します。

植え替え

ハーブの中には、ローズマリーやタイム、ミントなどのように、何年にわたって成育を続ける多年草や宿根草がたくさんあります。こういったハーブを何年も同じ鉢で育てると、根が鉢いっぱいに広がり、成育がさまたげられてしまいます。また、土も古く固くなってくるので、土も新しいものにしましょう。植え替えは基本的に苗を鉢に植えつけるのと同じ方法です。

1 ハーブを鉢植えで何年も育てると、葉がボウボウに伸びて、株姿も乱れてきます。植えていた鉢よりも大きい鉢を用意します。

2 鉢底ネット、もしくは鉢穴より大きい石を鉢穴の上に置き、上から赤玉土を鉢底いっぱいに入れます。

3 新しい培養土を入れます。

4 マグァンプKなどの緩効性肥料を、元肥として適量入れてよく混ぜます。これで土を入れ替え、肥料を与えたことになります。

5 古い株には害虫がついていることもあるので、気になる場合は害虫を予防するための改良剤などを入れてもよいでしょう。自分で食べるハーブをつくるので、なるべく弱い薬剤にしたいものです。

6 苗を鉢からとり出します。とり出しにくい場合は、外側をとんとんたたくと楽にとり出せます。

7 古い土を落として、根元近くの根と土だけ残します。こうすることで、根の伸びを促し、成育がよくなります。

8 新しい鉢に植えて、根と鉢の間に新しい培養土を入れます。割りばしなどで土を軽くつつき、すき間に土を送りこんで、苗を安定させましょう。

9 鉢底から流れ出るくらいたっぷりと水を与えます。植えつけ時同様、植え替えの直後は株が弱っているので、2〜3日の間日陰に置きましょう。株が落ちついたら、日当たりと風通しのよい場所に移し、土の表面が乾いたらたっぷりと水を与えます。枝が多すぎる場合は、植え替えの時に切り戻して、株と根鉢（根とそのまわりの土）とのバランスをとるとよいでしょう。

ふやし方

ハーブの仲間には、さし木（さし芽ともいいます）や株分けでかんたんにふやすことができるものもあります。コツさえつかめば、どんどん収穫量をふやしたり、お友達におすそ分けしたりできます。

さし木・さし芽

多くのハーブはさし木でふやすことができます。これは、枝葉を切って土にさして芽を出させる方法です。種まきでふやすよりもずっとかんたんで、一度にたくさんの株をつくることもできます。気に入ったものがあれば、さし木でどんどんふやしてみましょう。

1 若い枝を選び、節の下でななめに切り、下葉をとり除きます。

2 涼しい場所で、枝を水に30分ほどつけます。

3 赤玉土のような清潔な土に、割りばしなどで穴をあけます。

4 枝を土にさします。茎がやわらかいときは、折らないように気をつけましょう。

5 枝をさし終わったら、たっぷりと水を与えます。

6 さし木した直後は株が弱るので、日陰に2〜3日置いた後、日当たりのよい場所に移し、土が乾かないように水を与えます。20〜30日して茎を軽くつまんでみて、手ごたえがあったら根づいた証拠です。根づいたら、新しい株として育てます。

POINT
切った直後の枝は弱く、水分を吸収する力も弱っています。葉がたくさん残っていると、葉から水分が蒸発してしおれてしまうので、上の方に2〜3枚残す程度にしましょう。

株分け

ハーブは株分けでふやせるものがたくさんあります。株分けとは、株を掘り上げて、根を切り分けて植え替えることです。根が古くなって、容器いっぱいに張るようになったら株分けするとよいでしょう。

1 古くなったオレガノ。根ごとていねいに掘りおこします。

2 根をいくつかの株に切り分けます。古い傷んだ根も切り落とします。

3 切り分けた状態。

4 上部の葉が多い場合は、葉も切りとります。

5 容器に土を入れ、根を広げるようにして植えつけます。

6 根がかくれるように土を入れてならし、たっぷり水を与えます。

7 株分けの直後は株が弱るので、日陰に2〜3週間置いた後、日当たりのよい場所に移し、土が乾かないように水を与えます。しばらくして葉や茎が伸びてきたら、新しい株として育てます。

人気のハーブ

まずはバジルやミントなど、ハーブといったらこれ！というほどポピュラーなものから育ててみましょう。どのハーブも比較的育てるのはかんたんで、苗も入手しやすいのが魅力。

┃バジル *Basil*

別　名	バジリコ／メボウキ
科　名	シソ科／一年草
原産地	熱帯アジア
草　丈	50～80cm
用　途	料理、ティー、ポプリ、入浴剤など
ふやし方	さし木、種まき
病害虫	アブラムシ、バッタ、ハダニ、ナメクジ、ヨトウムシに注意

もっとも人気のあるハーブの筆頭格がこのバジル。パスタやピザなど、イタリア料理には欠かせないハーブですが、フレッシュ（生葉）とドライ（乾燥葉）では、香りと風味が全然違います。新鮮な生葉は、たった1枚摘みとっただけで甘い香りが広がるほどです。これをいつも味わえるのは自分で育てている人だけの特権です。
日当たりさえよければ、育て方もかんたんでおすすめです。

☀ 日照	日当たりのよい場所
🪴 土	水はけ・水もちがよく肥えた土
💧 水	土の表面が乾いたらたっぷり与える
● 利用部分	葉、花
● 効能・効用	強壮、食欲増進、解熱、健胃など

月	1	2	3	4	5	6	7	8	9	10	11	12
植えつけ				●——	——●				●——	——●		
開花期						●——	——	——	——●			
収穫期			●——	——	——	——	——	——	——●			
ふやし方			●—株分け・さし芽—●					●—株分け—●		

※沖縄では秋に植えつけ、種まきが可能で、12～3月にも収穫できます。

まめ知識　バジルは「王」という意味の言葉からきています。古くからその高貴な香りは王や貴族の香料として親しまれたことからこの名になったといわれ、その歴史は紀元前にまでさかのぼります。バジルにまつわる言い伝えは、国や時代によってもよいものや悪いものを含めると数多くあります。また、和名のメボウキは、種を目に入れると吸水し、異物を吸着するとされたことにちなみます。

バジルの品種

バジルといえばスイートバジル（上の写真）がもっとも一般的でよく出回っていますが、それ以外にも個性的な品種がいくつかあります。慣れてきたらこれらの栽培にもチャレンジしてみましょう。

■ダークオパールバジル
葉が紫色でピンクの花を咲かせます。特にビネガーに漬け込むと、きれいなピンクのビネガーができます。料理にも使えます。

■ブッシュバジル
かなり小型の品種でこんもりとまとまって茂ります。スイートバジルと同じような香りがあるので同じように料理に使えます。

■シナモンバジル
全草にシナモンに似た香りのあるバジルです。葉は緑色ですが花は紫色です。ドライフラワーなどに利用してもよいでしょう。

育て方

種から育てる場合

バジルの種、育苗箱（いくびょうばこ）などの容器、3号ポリポット、鉢（5号以上）、培養土、元肥（もとごえ）、シャベル、じょうろを用意。苗を植えつけて育てる場合は、苗が購入できるような時期ならいつでも栽培をはじめることができます。

種を用意する

種はとても細かいので、庭などに直接まかず、育苗箱にまいて苗を作ります。光を好むので、土はかけなくてOKです。

Check! 種まきは暖かくなってから

バジルは、発芽に適した温度は20〜25℃と比較的高めです。ですので、3月以前のあまり早い時期にまいても発芽しません。おすすめは4月中旬以降です。なお、4月に種をまくと発芽まで10〜15日かかりますが、5月なら7〜10日で発芽します。育苗箱に種をまき、間引いてよい苗を選んで育て、大きくしていきましょう。

発芽

バジルが発芽したところ。このころからバジルのさわやかな香りが漂います。葉を少しさわってみましょう。

間引き

次々と発芽するので、混み合ったところからピンセットで間引きます。双葉が開いたら、葉が大きくしっかりした苗を選びます。

苗を掘り上げる

よい苗をシャベルで掘り上げます。まわりの土ごと大きめにすくいましょう。

根をほぐす

からんだ根をほぐします。まだ根が細く弱いので、切らないように注意しましょう。

ポットに植えつける

3号ポリポットなどに培養土を入れて植えつけます。根を広げるようにして植えると根が早く張ります。

苗を整える

株元の土を軽くおさえて高さを調整します。水を、土が崩れないようやさしく、かつたっぷりと与えて日陰に2〜3日置きます。

日なたで管理する

苗が落ち着いたら、日当たりのよい場所で育てます。種まきからなら、写真のように、苗は複数作るとよいでしょう。

苗の植えつけ

苗を植えつける

葉が5〜6枚になったら、庭や鉢に植え替えOKです。
苗を購入して育てる場合は、このプロセスからスタートです。

苗をとり出す

根鉢（ねばち）（根とそのまわりの土）をくずさないようにそっと苗をとり出して植えつけます。ポットの底穴に指を差し込むとかんたんです。

土を入れる

鉢と苗のすき間に土を入れ、表面をやさしくおさえてならします。株元がまわりより少し高くなるようにすると水はけがよくなります。

水を与える

鉢底から流れ出るくらいたっぷりと水を与えます。勢いがよすぎると土がくずれてしまうので、ゆっくりと注ぎましょう。

その後の管理

植えつけた後は、涼しい日陰に2〜3日ほど置いたら、その後は日当たりのよい場所に移します。
バジルは日当たりと風通し、水はけ、水もちのよさがキーポイント。これだけの条件が揃えば、気温が上がるのに合わせて、驚くほど早く成長します。ただし日当たりが悪いと、茎ばかりひょろひょろと徒長してしまい、倒れやすく葉のつきも悪くなります。また、風通しがよいといっても、あまり風が強いと茎が折れやすくなり、水も常に土が湿っていると成育が悪くなるので、土の表面が乾きかけたときたっぷり与えるようにします。
春から夏は成育おう盛なので、10日に1回くらい水やりを兼ねて液肥（えきひ）を与えると大きく育ち、葉もたくさんつきます。

次のページへ→

収穫時の目安
写真のように、苗が育って枝葉が茂ってきたら順次収穫できます。

切りとって収穫
上の方の大きい葉から、つけ根からハサミで切りとります。枝がまだ若いうちは、少しずつ収穫しましょう。

新鮮なうちに食卓へ
摘みたての生葉の香りは格別です。新鮮なうちに食べましょう。特に葉が丸く大きくなっているものはベストです。

Check! 利用法
特にイタリア料理の、トマトやチーズとの相性は抜群。細かく刻んでパスタ、サラダ、スープなどに利用するのもおなじみです。また、タイ料理などのエスニック料理にも重宝します。
バジルの香りが好きな方は、煎じてハーブティーにしてもよいでしょう。

摘芯（てきしん）
草丈が 20 ～ 25cm になったら、主枝（中心の枝）を節の下で切ります。これを摘芯といいます。

摘芯で切りとった枝。これをさし木して新しい苗を作りふやすこともできます。もちろん葉は利用できます。

Check! なぜ摘芯するの？
摘芯すると、上へ伸びる力がおさえられるため、わきから出る枝（側枝）が伸びるようになります。側枝にも枝葉が出て茂るので、全体の収穫量がふえるというわけです。
また、バジルは花芽が出て花を咲かせると枯れてしまう一年草です。同様に側枝も 5 節以上になると花芽をつけて開花するので、必ず摘芯をしましょう。

側枝が伸びる（そくし）
摘芯すると、わきの側枝が伸びて株が充実してきます。こちらも収穫を兼ねて花芽は摘芯しましょう。

摘芯の前後でこんなに変わる
左の写真は摘芯する前。主枝がどんどん伸びていますが、このままだと徒長して収穫量も減りますし、さらに花が咲いたら（トウ立ち）葉が固くなり、結実して枯れてしまいます。摘芯すると、側枝が伸びてくるので、こんもりと茂ってどんどん収穫量がふえます。

本格的に収穫する
6月～7月から、白い花が穂状に咲きます。花が咲き始めるころが収穫適期で、もっとも葉がやわらかく、香りもよい時期です。また、収穫量も一番多くなります。
花が咲ききってしまうと、葉が固くなる上に収穫量も減ってくるので、つぼみが見えたら花穂は摘みとるようにしましょう。

花穂を切りとる（かすい）
ハサミで花穂のつけ根から切りとります。こうすると、側枝がまた伸びてきます。たくさん収穫したいときは、8月上旬に根元から 10 ～ 15cm のところで思い切って刈りとりましょう。こうすると秋には再び新芽が出て、株が大きくなり、11月頃まで収穫を続けられます。
冬には枯れてしまうので、さし木した苗を室内で育てるとよいでしょう。ただし温度は 15℃ 以上を保ちましょう。

切りとった花穂はハーブティーなどにも利用できます。

Check! バジルは大きくなる
バジルの草丈は 50cm 以上にもなるので、5 号鉢なら 1 株、普通のプランターや 9 ～ 10 号鉢であれば 3 ～ 4 株が目安です。
特に地植えだとさらに大きくなるので、株間は 30 ～ 40cm 空けましょう。

フレッシュバジルの保存

バジルは日陰で乾燥保存すると、グンと風味が落ちてしまいます。これは、市販のドライバジルと自分で育てたフレッシュバジルを比較するとよくわかります。

フレッシュのまま保存したいときは、冷凍するかオイル漬け、またはペーストにするとよいでしょう。

冷凍する場合は、摘みたての生葉を密閉容器や密封できるビニール袋に入れて冷蔵庫で保存します。

オイル漬けの場合は、葉にオリーブオイルを塗るか、密閉容器にオリーブオイルを満たしてから葉を浸して、冷蔵庫で保存するとよいでしょう。

バジルをさし木でふやす

バジルは水にさすだけでも発根するほどなので、さし木でかんたんにふやすことができます。さし木は6～9月の間ならいつでもできるので、バジルの株をたくさんふやしたい方にはおすすめです。また、9月頃には株も古くなってきますが、この時期にさし木してできた苗を温かく日の当たる室内で育てれば、冬～春にも収穫できます。ただし10℃以上は保ちましょう。ただし、春には勢いが衰えてくるので、新しい苗か種を購入して育てるとよいでしょう。

1 さし床を用意します。清潔な培養土に赤玉土やバーミキュライトを混ぜ、水やりして用土を落ち着かせます。

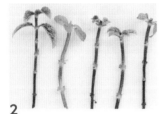

2 さし穂を作ります。花芽のない若い枝を10cmほど切りとり、上葉4～5枚を残して下葉をとり除きます。

3 さし穂に水あげします。30分～1時間水を吸わせ、さす直前に下部の節の下で斜め切りにし、5～7cmのさし穂にします。

4 発根剤をつけます。バジルは発根率が高いのですが、市販の発根剤をつけるとさらによい根が出てきます。

5 さし床にわりばしなどの棒を使って穴をあけます。これでさし穂が傷みにくくなります。

6 さし穴にさし穂の下部3分の1くらいをそっとさし込み、周囲を軽くおさえてさし穂を安定させます。

7 たっぷりとやさしく水やりしたら、発根するまでは日陰に置き、発根したら日当たりのよい場所に移します。

20～30日でポットへ移し替え、苗として育てられるようになります。根を傷めないように土を多めに掘り上げ、丁寧に3号ポットに移し替えます。

バジルで天然の植物保護液を

バジルの香りは防虫効果があるといわれています。これを、殺菌効果のある酢に漬け込んで植物保護液を作ってみましょう。

農薬のような劇的な効果はなくても、定期的に散布することで被害を軽くすることができます。酢は鼻にツンとくるものですが、バジルの香りが移れば心地よい香りになります。

材料を用意します。適当な密閉容器と、その半分～3分の2ほどのバジル、醸造酢を使います。

密閉容器にバジルを入れます。水気があるとカビが生えやすいので水気をよく切って入れます。

醸造酢をビンに注ぎます。バジルの葉が浸かるようにし、フタを閉めて2～3週間おきます。

使用するときは、25～50倍に水で薄めて、霧吹きなどで散布します。涼しい夕方ごろ、植物の葉の両面にかかるように散布しましょう。日中の日差しが強く、気温が高い時間は葉焼けの心配があるので避けるようにします。

ふっくら鶏ももとズッキーニ、ピーマン スイートバジルのナンプラー炒め

- ビールのおつまみにぴったりのかんたんおかず -

材料【1 人分】

鶏もも肉（一口大にきっておく）…1/2 枚　　ナンプラー…大さじ 1 弱
ニンニク（つぶしてみじん切り）…1 片　　　ブラックペッパー…少々
ズッキーニ（1cm 幅）…1/2 本　　　　　　サラダ油…大さじ 1〜2
ピーマン（乱切り）…1 個
スイートバジルの葉…10 枚

作り方

1　ニンニクと油をフライパンに入れて弱火で熱し、
　香りがたってきたら鶏を入れて中火で軽く炒める。

2　全体が馴染んだらズッキーニを加えてざっくり混ぜる。

3　弱火にして蓋をして 5 分程度おき、全体に火が通ったら
　ピーマンを加えて中強火で炒める。

4　全体が馴染んだら手でちぎったバジル、
　ナンプラー、ブラックペッパーを加えて 2 分くらい炒める。

バジルリーフのタブーリ

- お好みでバジルの量をふやしても◎ -

材料【2 人分】

スイートバジルの葉…適量　　　　オリーブオイル…大さじ 2〜
完熟トマト…1 個　　　　　　　　塩（あれば海塩）…適量
赤ピーマン…1 個　　　　　　　　ブラックペッパー…少々
完熟アボカド…半分　　　　　　　炊いたキヌア…1/4 カップ
紫タマネギ（みじん切り）…大さじ 1/2　　くらい（しっかり水分を飛ばす）
レモン絞り果汁…1/2 個分

作り方

1　バジルは葉っぱを摘み、トマト、赤ピーマン、アボカドは
　ダイス状にカットする。

2　1 に紫タマネギ、キヌアを加え、海塩を混ぜ合わせる。

3　2 にレモン絞り果汁、オリーブオイルをたっぷり加え、
　軽く全体を混ぜ合わせる。

4　最後にブラックペッパーをふりかける。

市販のパイ生地で作る アンチョビ＆バジルパイ

- アンチョビとバジルの風味が良い -

材料【16 個分】

市販のパイシート（150g×2枚）…2 枚　　薄力粉…大さじ 2
アンチョビ…15g　　　　　　　　　　　オリーブオイル…大さじ 1
バジルの葉…5g

作り方

1　ボウルに薄力粉・刻んだアンチョビ、刻んだバジルと
　オリーブオイルを入れよく混ぜ、ペーストを作る。

2　市販のパイシートを半解凍し、
　打ち粉（分量外）した上にのせ、めん棒で薄く伸ばす。

3　2 にフォークで穴をあけ、軽く打ち粉をして 16 等分する。

4　小さじ 1/2 位の 1 のペーストを各パイシートにのせ
　軽くのばし、半分に折りかぶせて周りをフォークで
　押しあてて閉じていく。

5　200℃に予熱したオーブンに入れ約 18 分焼く。このとき、
　途中前後・上下などを入れかえるとムラなく焼き上がる。

かんたん本格アンティパスト
- そのまま手にとって食べるおつまみ感覚で -

材料【2人分】

プチトマト＆バジル	生ハム＆ゆでたまご	ツナペースト
プチトマト…10個	卵…1個	ツナ（缶詰）…1缶（80g）
オリーブオイル…大さじ2と1/2	生ハム…2枚	マヨネーズ…大さじ1
バジル…3枚	ブラックオリーブ…1粒	スタッフドオリーブ…2粒
ニンニク…1/4片		パセリ（みじん切り）…少々
塩・こしょう…少々		

作り方

プチトマト＆バジル
くし切りに4等分したプチトマト、千切りにしたバジル、みじん切りにしたニンニク、オリーブオイル、こしょうをボウルに入れて混ぜ、15分ほどおいて味をなじませてから塩で味を調え、ガーリックトーストにのせる。

生ハム＆ゆでたまご
卵は固ゆでにして殻をむき、5mmの厚さに輪切りする。ガーリックトーストに生ハムをのせ、薄く輪切りしたブラックオリーブを飾る。

ツナペースト
ツナは軽く油を切ってマヨネーズで和える。ガーリックトーストにツナをのせ、薄く輪切りにしたスタッフドオリーブとパセリを飾る。

カプレーゼ
- チーズとバジルの相性抜群 -

材料【2人分】

完熟トマト…2個	塩・黒こしょう…少々
モッツァレラチーズ…250g	フレンチドレッシング…1/2カップ
アンチョビ…2～3切れ	オリーブオイル…少々
タマネギ…1/2個	
バジルの葉…4枚	

作り方

1 タマネギは薄切りにして水にさらし、モッツァレラチーズ、トマトは厚さ5mmに切り、塩・こしょうをふる。

2 トマトの上に一枚ずつモッツァレラチーズをのせ、その上にアンチョビを1cmくらいにちぎってのせる。

3 水気をきったタマネギ、細切りにしたバジルをのせる。

4 器に盛り、全体にフレンチドレッシング、オリーブオイルをまわしかける。

かぼちゃとレンコンの アンチョビソース
- ちょっとバジルを添えるだけでも風味が豊か -

材料【2人分】

カボチャ…1/8個（約200g）	オリーブオイル…大さじ3
レンコン…小1節	プチトマト…4個
ニンニク…1片	バジル…適量
アンチョビ（缶詰）…2切れ	パセリ（みじん切り）…少々

作り方

1 カボチャは大きめのくし切りにし、レンコンは皮をむいて薄く輪切りにする。ニンニクは薄切りに、アンチョビは粗いみじん切りにする。

2 フライパンにオリーブオイルとニンニクを入れて弱火にかけ、香りが出たらニンニクを取り出し、カボチャを入れて焼く。カボチャにほぼ火が通ったらレンコンを加え、焼けたら取り出す。

3 2のフライパンにアンチョビを入れて油に香りを移し、アンチョビソースを作る。器にカボチャとレンコンを盛ってソースをかけ、パセリを散らしてバジルとプチトマトを添える。

©Starr Environmental

ミント mint

別　名	セイヨウハッカ
科　名	シソ科／多年草
原産地	地中海沿岸
草　丈	20〜100cm
用　途	ハーブティー、料理、ハーブバス、美容、ポプリなど
ふやし方	さし木、株分け、種まき
病害虫	比較的発生しにくい

ガムやキャンディなどでおなじみのミントは、そのメントール系のさわやかな香りが特徴です。サラダ、ハーブティー、ハーブ石けんなどに利用できます。1度植えれば長く楽しめますが、とても成長が早いので、根詰まりに注意し、1〜2年に1度は株分けなどで株を新しくしてやるとよいでしょう。品種によって香りが違うので、好みのものを育てるのもおすすめです。

	日照	日なたまたは半日陰
	土	水はけ・水もちのよい湿り気のある土
	水	土の表面が乾いたらたっぷり与える
	利用部分	花、葉、茎
	効能・効用	風邪、防虫、消炎、頭脳明晰化、冷却など

月	1	2	3	4	5	6	7	8	9	10	11	12
植えつけ			●——————————●						●——————●			
開花期							●———●					
収穫期			●————————————————————————●									
ふやし方			●——————株分け・さし芽——————●						●—株分け・さし芽—●			

ミントの品種

ミントにはさまざまな品種がありますが、メントール系の香りに加えてそれぞれ個性的な香りが楽しめます。たいてい、その名前から想像できるような香りがします。

■ペパーミント
強い清涼感を持つミント。

■クールミント
1年中さわやかな香りが楽しめる。

■スペアミント
お菓子や料理の香りづけに最適。

■ペニーロイヤルミント
地面を這うように伸び、香りの芝生に最適。

■アップルミント
甘いリンゴのような香りが特徴。

■パイナップルミント
パイナップルの香りが特徴。ハーブティーに。

■オーデコロンミント
オレンジのような柑橘系の香りが特徴。

■ベルガモットミント
ベルガモットオレンジに似た香りが特徴。

種から育てる場合

ミントの種はとても細かいので、庭などに直接まかず、育苗箱（いくびょうばこ）にまいて苗を作ります。光を好むので、土はかけなくてOKです。土に混ぜ込んでもよいでしょう。

発芽

種をまいてから7〜10日で発芽します。

よい苗を選ぶ

双葉の後、しわのある本葉が出てくるともうミントの香りがします。葉が大きくしっかりした苗を選び、土ごと掘り上げます。

根をほぐす

地中でからんだ根をていねいにほぐし、よい苗をとり出します。

ポットに植えつける

ポリポットの下半分に土を入れて苗を置き、間に土を入れて整えます。水をやさしくたっぷり与え、日陰に2〜3日置きます。

苗から育てる場合

容器に植えつける

ポットで育て、葉が5〜6枚になったら鉢や庭などに植えつけられます。培養土に元肥（もとごえ）を与えたものを用意します。

植えつけの方法

ポットの底穴に指を入れて苗をとり出します。培養土を鉢の半分くらいまで入れたところに苗を置き、土をいれてならします。株元がまわりより少し高くなるようにすると水はけがよくなります。
水をたっぷり与えて植えつけ完了。苗が落ち着くまでは半日陰で3〜4日育て、その後は風通しのよい場所で育てます。特に夏場はここで乾燥しないように注意しましょう。

収穫しながら育てる

収穫する

苗が根づくと、急速に葉や茎が伸びて大きくなってきます。葉が茂ってきたら収穫OK。上の方の新しい葉から摘みとります。

大きく切りとる

葉が混み合ってくると蒸れるので、茎ごと切りとります。茎の下の方を10cmくらい残しておけば、また葉が出てきます。

開花前に本格的に収穫する

植えつけの方法

夏から秋にかけて、次々に花が咲きますが、花が咲く直前がもっとも香りのよい時期です。また、花が咲くと葉や茎が固くなってしまうので、できるだけ開花直前に収穫しましょう。花を切り花やアレンジに利用する場合は、開花した茎を切りとればOK。たくさん収穫して余ってしまうようなら涼しい日陰で乾燥させます。これもティーなどに。

花を切りとる

葉だけを利用する場合は、花の下で切りましょう。こうすると、下の枝が伸びて葉がたくさんつき、収穫量がふえます。

植え替え

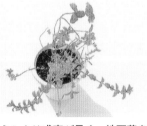

植え替え

ミントは成育が早く、地下茎をどんどん伸ばします。小さい鉢だとすぐに根詰まりを起こして成育不良になるので、鉢底から根が出たら植え替えましょう。

大きい容器に入れ替える

ふつうのプランターなら3〜4株、8〜10号鉢なら2〜3株植えられます。

Check!

● **冬の管理**
　関東くらいの気候なら、晩秋に株を大きく刈り込んで冬越しします。春になると地上部の茎や新芽が出てまた成長します。冬に枯れた部分は切りとりましょう。寒冷地では腐葉土（ふようど）などで防寒を。

● **チッ素肥料は控えめに**
成育おう盛で、もともと肥料はあまり必要としません。特にチッ素肥料が多いと弱々しく徒長してしまいます。
元肥の他には、春の成長前に、薄い液肥（えきひ）などを少し与える程度です。

● **株分け**
鉢いっぱいに大きく育ったものは、枯れた葉をとり除き、株をとり出してハサミで数個に切り分け、新しい培養土に植えつけて育てます。

ジャガイモのカレーサラダ
- 刻んだミントの葉が爽やか -

材料【4人分】

ジャガイモ（男爵）…4個　　塩、こしょう…適量
無塩バター…20g　　　　　　ニンニク…1片
粉唐辛子…少々　　　　　　　ミントの葉（10〜15枚）…適量

作り方

1 ジャガイモは皮をむき、2cm角くらいに切って水にさらす。

2 鍋にジャガイモとジャガイモがかぶるくらい水を入れ、
  火にかける。塩を一つまみ入れておく。

3 ジャガイモが柔らかくなったら、湯を切る。

4 フライパンにバターを入れ、弱火にかける。

5 4のバターが溶けたら、みじん切りにしたニンニクを
  炒める。

6 5に3を加えてこんがりと焼き色が付くように炒める。

7 6に塩、こしょう、粉唐辛子、刻んだミントの葉を加える。

カッテージチーズのサラダ
- メイン料理の付け合わせに最適 -

材料【4人分】

カッテージチーズ…100g　　タマネギ…中1/4個
キュウリ…1本　　　　　　　レモン果汁…大さじ1
トマト…1個　　　　　　　　ミントの葉…適量
セロリ…1/2本　　　　　　　塩、こしょう…適量

作り方

1 キュウリ、トマト、セロリを1cm角くらいに切りそろえる。

2 タマネギは1cm角くらいに切り、塩水にさらしておく。

3 ボウルに1と水切りした2、カッテージチーズを入れ、
  レモン果汁、塩、こしょうを加えて混ぜる。

4 最後に刻んだミントの葉を加えて和える。

アボカド、セロリ、プルーンの
ハニーレモンミントサラダ
- 美肌に◎　アンチエイジングなサラダ -

材料【3人分】

アボカド…1個　　　　　　　　ミント…適量
レモン汁…小さじ1　　　　　A オリーブオイル…大さじ1
セロリ（茎の部分のみ）…2本分　　はちみつ…小さじ1/2
くるみ…15g　　　　　　　　　　塩…小さじ1/4
プルーン…4粒

作り方

1 アボカドは1cm角くらいにカットしてボウルに入れ、
  レモン汁をかけて全体に馴染ませる。

2 セロリは筋をとり薄切りにし、くるみは粗く刻み、
  プルーンも粗く刻んで、すべて1のボウルに入れる。

3 Aを混ぜ合わせたものを加え、全体をしっかり混ぜ合わせる。

4 アボカドの角がとれてきて全体に絡み、
  まったりしてきたら、器に盛り、ミントを添える。

いちごとヨーグルトのカクテル
- チョコレートのラインがアクセントに -

材料【2人分】
イチゴ…1/2パック
プレーンヨーグルト…1カップ
チョコレートペンシル…1本
ミント…少々

作り方

1 チョコレートペンシルを湯につけてやわらかくし、
縦長のグラスの内側にしぼり出して、好きな模様を描く。
描いたらチョコレートが固まるように、
グラスを冷蔵庫に入れておく。

2 イチゴはよく洗い、ヘタをとってごく細かく刻む。

3 1のグラスに2のイチゴ、ヨーグルトの順に重ねて入れて、
これをくり返して層にしていく。一番上がヨーグルトに
なるように重ねたら、最後にミントを飾る。

桃のグラニータ
- シャリシャリした食感を楽しめるデザート -

材料【2人分】
桃(缶詰)…4切れ(2個分)
レモン汁…大さじ2
白ワイン…大さじ1
桃のジュース…1カップ
ミント…2枚

作り方

1 桃は2切れ(1個分)をミキサーにかけ、レモン汁、
白ワイン、桃のジュースを加えてさらにミキサーにかけ、
なめらかなピューレ状にする。

2 1を平らな容器に流して冷凍庫に入れ、ときどきかき混ぜ
ながらシャーベット状に冷やし固める。
残りの桃を1切れずつ器に置き、くぼみの部分に
グラニータをのせてミントを飾る。

あつあつアップルパイ
- 春巻きの皮でつくる時短スイーツ -

材料【2人分】
紅玉リンゴ…1/2個
バター…小さじ1
砂糖…小さじ1
シナモン(粉末)…小さじ1/2
春巻きの皮…2枚
小麦粉…少々
揚げ油…適量
バニラアイス…適量
ミント…2枚
グラニュー糖…少々

作り方

1 リンゴはよく洗い、皮つきのまま2mmくらいのいちょう切りにする。

2 フライパンにバターを溶かして1を炒め、砂糖とシナモンを入れて
弱火にし、リンゴがやわらかくなるまで煮て、さましておく。

3 飾りの分を少量残し、2を春巻きの皮で包む。小麦粉を水
で溶いたものをのりにして、折り目ごとに少量つけながら、
きれいな長方形になるように包んでいく。

4 フライパンにサラダ油を1cmほど入れて熱し、3を入れて中火で揚げ、きつね
色になったら取り出す。器に置いてバニラアイスをすくってのせ、リンゴと
ミントを飾り、グラニュー糖とシナモン(分量外)少々を全体にふりかける。

タイム thyme

別　名	タチジャコウソウ
科　名	シソ科／多年草
原産地	地中海沿岸
草　丈	10 ～ 30cm
用　途	料理、ハーブティー、ポプリ、ハーブバス、切り花、ドライフラワー、ガーデニングなど
ふやし方	さし木、株分け、とり木、種まき
病害虫	比較的発生しにくい

初夏にピンク色や白の小花を咲かせ、強い香りを放つハーブ。肉料理の臭みを消したり、風味をぐんとよくしてくれることから、西洋では古くから親しまれています。茂りやすいので、成長過程で枝ごと収穫するようにし、常に新しくやわらかい芽を出させるようにしましょう。こんもり茂るので、ガーデニングの脇役としても最適です。

日照	日なたまたは半日陰	
土	水はけのよい土、土の酸性を嫌う	
水	土の表面が乾いたら与える	
利用部分	葉、花、茎	
効能・効用	強壮、風邪、殺虫、腐敗防止など	

月	1	2	3	4	5	6	7	8	9	10	11	12
植えつけ			■━━━━━━━━━━━━■						■━━━━━■			
開花期					■━━━━━━━■							
収穫期	━━━━━━━━━━━━━━━━━━━━━━━━━━━━											
ふやし方			さし芽・株分け						さし芽・株分け			

 まめ知識

タイムも古くから暮らしに取り入れられてきたハーブです。殺菌効果や腐敗防止の効能があるとされ、古代エジプトではミイラを作るときの防腐剤に使われていたとされています。また、部屋や神殿などを清めるときに使用されたり、悪夢を防ぐ安眠のために枕の下に敷かれたりと、さまざまな利用法で親しまれてきました。なお、古代ギリシャで男性に対する最高の賛辞は「タイムの香りのする男」だったといわれています。

育て方

苗の植えつけ

よい苗を選ぶ
植えつけは春か秋に行います。葉色のよい苗を選びましょう。

土と容器
タイムは蒸れに弱く、水はけがよくないとうまく育たないので、水はけのよい土、容器を用意します。

苗を取り出す
容器は5号鉢以上のものからはじめましょう。取り出しにくい場合はポットを逆さにすれば上手に取り出せます。

深さを調整する
培養土に元肥を混ぜたものを入れ、苗を置いてみてバランスを調整します。根元がやや高くなるように植えつけると水はけがよくなります。

土を入れる
鉢と苗の間に土を入れ、苗を安定させる。

水はけをよくする
根元が少し高くなるように、根元に土を寄せます。

水をたっぷり与える

鉢底から水が流れ出るぐらいたっぷり水を与え、日なたで管理します。株分けした苗を植えつける場合は、2〜3日の間、日陰におきます。

POINT 日当たりと水はけを良くする

日当たりと水はけがよければ、タイムはどんどん成長します。タイムは暑さや寒さに強く、比較的育てやすいハーブですが、多湿が苦手なので、水やりは控えめにしましょう。土の表面が乾いたらたっぷり与えるようにします。

1年中収穫できる

葉は1年中いつでも収穫できます。茎葉が伸びてきたら、枝ごと収穫していきましょう。下の方の葉を残しておけば、また葉が生えてきます。

POINT 収穫した葉は、水で軽く洗って食卓へ。タイムは葉が小さいので、枝ごと利用します。

植え替え

大きくなったら植え替える

株が大きくなってきたら、大きめの鉢(7〜8号鉢)に植え替えます。

容器に植えつける

5〜7月に白やピンクのかわいい小花が咲きます。種から育てた場合は開花は2年目になります。5月に花を咲かせてしまうと枯れやすくなるので注意しましょう。花芽は早く摘むようにします。

POINT

花のついた枝。てんぷらなどにして食べることができます。

乾燥保存する場合は、開花直前に枝ごと切りとって、束ねて吊るし、乾燥させましょう。

風通しをよくする

茎葉が茂ってくると風通しが悪くなります。こまめに収穫し、風通しをよくしてやりましょう。

POINT 収穫を兼ねて切り戻しをする

タイムは枝葉が茂りやすく、放っておくとすぐボウボウになってしまいます。葉が茂りすぎると株が蒸れて弱ってしまうので、切り戻しを兼ねて適宜収穫するようにしましょう。特に夏場は株の半分を目安に収穫します。

切り戻し

古い株を切る

花が咲き終わったら、茶色く木のように固くなった古い枝を、根元近くで切ります。

若い枝を残す

切り戻しすると株の負担をやわらげることができます。色のよい若い枝を残しておくと、また新芽が出てきます。

お礼肥えをする

緩効性肥料を小さじ1杯、根元を囲むように3か所におきます。根を傷めないように、根から少し離れた場所にまきましょう。

枝が固くなる

株が古くなると、枝が木の枝のように固くなります。これを「木質化」といいます。4〜5年はこのままでも大丈夫ですが、さし芽して株を更新した方がよいでしょう。

さし芽で更新する

タイムはさし芽でかんたんにふやせます。若くてやわらかい枝よりも、木質化した枝の方が早く根が出ます。

タイムの品種

タイムは一般的なコモンタイム以外にも品種はたくさんありますが、ピンクや白のかわいい小花が咲きます。名前によって色や香り、また育つときの伸び方が変わるので、用途に応じて選ぶとよいでしょう。

■オレガノタイム

オレガノに似た香りのする育てやすい品種。夏にピンクの花が咲きます。料理の風味づけに。

■クリーピングタイム（レッド）

草丈 10cm 以下で地面を這うように伸びるので、芝生のようにして足で踏むと、よい香りが足下からわきあがります。ピンクの花と白い花の品種がありますが、開花期はいずれも 5 ～ 6 月です。

■クリーピングタイム（白）

■ゴールデンレモンタイム

草丈 10cm 以下で、葉の縁に黄色い斑が入ります。5 ～ 6 月にピンクの花が咲きます。

■シルバータイム

草丈 20 ～ 30cm で、葉の縁に銀色の斑が入ります。シルバーガーデンの素材におすすめ。

■フレンチタイム

ふつうのコモンタイムの香りをよくしたものです。やや寒さに弱いので注意。

■ラベンダータイム

草丈 10cm 以下で、ラベンダーに似た香りがあります。

■レイタータイム

非常に細かい葉が地面を覆うように伸びます。強く踏んでも大丈夫なので芝生向き。

■レモンタイム

草丈は 5cm 以下ととても低く、レモンに似た香りがあります。初夏にピンクの花が咲きます。

苗と容器のバランス

タイムは比較的縦・横とも大きく育つものが多いので、小型種以外はふつうのプランターに 3 ～ 4 株、7 号以下の鉢なら 1 株程度が目安です。

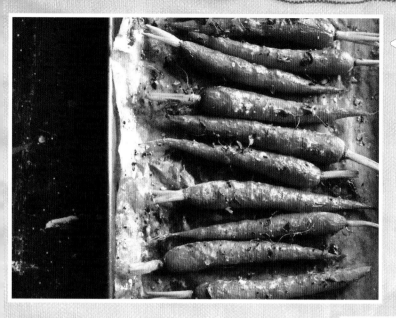

ニンジンのタイムオリーブオイル焼き

- ミニニンジンのかわいいおつまみ -

材料【2人分】

ミニニンジン（もしくは普通の人参）…500g
オリーブオイル…大さじ2
タイムの葉…大さじ2
バター…40g

塩…適量
黒こしょう…適量

作り方

1 ミニニンジンとオリーブオイルとタイムをボウルに入れて和える（普通のニンジンを使用する場合は、縦に6つ切りぐらいの大きさにカットする）。

2 1に塩と黒こしょうをふり、クッキングシートを敷いたオーブントレイに並べる（茎の部分は焦げやすいので、緑色を残したければこの部分に小さく切ったアルミホイルを巻く）。

3 バターを小さめの角切りにし、ミニニンジンの上にパラパラとのせる。

4 200℃に熱したオーブンで約30分、中まで柔らかくなるように焼きあげる。

まるごとイワシとフレッシュタイムのオーブン焼き

- タイムをちょこっと使って大人風味に -

材料【2人分】

イワシ（内蔵を取り流水で洗い水気を取る）…5尾
タマネギ（薄切り）…1個
プチトマト（半分に切る）…6個
タイム…5枝
ニンニク（みじん切り）…1個

白ワイン…大さじ1
オリーブオイル…大さじ1
岩塩…少々
こしょう…少々

作り方

1 耐熱皿にタマネギを敷きつめ、イワシを互い違いに並べる。

2 隙間にタマネギ、プチトマトを並べる。

3 白ワイン、オリーブオイルを表面にふりかけ、ニンニク、タイム2枝からしごきとった葉、塩こしょうをまんべんなくかける。

4 200℃に熱したオーブンで25分程度、イワシにほんのり焼き目がつくまで焼く。

5 取り出して残りのタイム3枝を添える。

豚モモブロックのフレッシュタイムグリル

- 塩麹でやわらか、フレッシュタイムで風味豊か -

材料【2人分】

豚ももブロック（赤身）…300g
A┌塩麹…大さじ1
　│白ワイン…大さじ1
　│タイム…5枝
　└こしょう…少々

タマネギ（薄切り）…1/4個
ジャガイモ（4〜6等分）…小3個
ニンニク（薄切り）…1片

下準備

豚もも肉は筋を切りAをまぶし、キッチンペーパーに包んで冷蔵庫に一晩置く。グリルは200℃に予熱する。

作り方

1 200℃に熱したグリルの鉄板にタマネギ、ジャガイモ、ニンニクを並べ、その上に豚もも肉を置く。

2 20〜25分加熱し、豚肉の中まで火が通ったら、食べやすい大きさに切る。

3 2を皿に盛り、ジャガイモを並べ、タイムを添える。

©sun sand & sea

セージ sage

別 名	ヤクヨウサルビア
科 名	シソ科／多年草
原産地	地中海沿岸
草 丈	30 〜 70cm
用 途	料理、ハーブティー、ポプリ、ハーブバス、切り花、ガーデニング、ドライフラワー、クラフトなど
ふやし方	さし木、とり木
病害虫	高温乾燥期に発生するハダニに注意

古代から人々の健康と密接に関わってきたハーブで、サルビアに似た花を咲かせることから、別名のように呼ばれることもあります。料理でも大活躍で、肉の臭みを消して風味を豊かにし、ソーセージの詰め物に欠かせません。葉を煎じて健康によいティーにするのもおすすめです。品種も豊富でガーデニングの素材としても楽しめます。収穫後、さし木でかんたんにふやせます。

	月	1	2	3	4	5	6	7	8	9	10	11	12
植えつけ					■	―	―				■	―	―
開花期						■	―	―					
収穫期		←	―	―	―	―	―	―	―	―	―	―	→
ふやし方				■	―	― さし芽				■	―	― さし芽	

日照	日なたまたは半日陰（はんひかげ）	
土	水はけのよい乾燥ぎみの土	
水	土が乾いたら控えめに与える	
利用部分	葉、花、茎	
効能・効用	強壮、収れん、食欲増進、消化促進、抗菌など	

育て方

苗の植えつけ

よい苗を選ぶ
植えつけは春か秋に。ヒョロヒョロと伸びていないがっちりとした苗を選びましょう。

苗をとり出す
苗をとり出すとき、茎がやわらかいので、折らないように注意しましょう。

鉢に植える
苗を置いてみて深さを調整します。根元がやや高くなるように植えつけると水はけがよくなります。

土を入れる
鉢の苗の間にしっかり土を入れ込み、苗を安定させます。

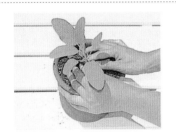

苗が倒れないようにする
根元に土を寄せて、苗が倒れないようにしっかり植えつけます。

水を与える
鉢底から流れ出るぐらいたっぷり水を与えます。株分けした苗を植えつけた場合は2〜3日の間、日陰に置きましょう。

日当たりのよい場所で育てる
苗が根づいたら、日当たりのよい場所に移します。日当たりと水はけが良ければ、セージはよく育ちます。逆に多湿がやや苦手なので、水のやり過ぎ、梅雨時期などに注意しましょう。水やりは土の表面が完全に乾いたら与えるようにします。

収穫はいつでも

葉は1年中いつでも収穫できます。草丈が30cm以上になったら、若い葉から収穫していきましょう。下の方の葉を残しておけば、どんどん葉が生えてきます。

収穫

若い葉を収穫する
若い葉はあざやかな緑色をしています。やわらかいので手で摘みとるようにしましょう。

こまめに収穫する
成育中はこまめに収穫して風通しをよくしてやります。放っておくと蒸れて病気になることがあるので注意。

初夏に開花
5～6月に薄紫色の小花が咲きます。種から育てた場合は、開花は2年目になります。

株を更新する

株が大きくなったら大きめの容器に植え替えしましょう。古い株は根元近くの枝が木のようになってきます。これを木質化といいます。

株の更新

古い枝を切る
茶色くなった古い枝を根元近くで切ります。これを切り戻しといいます。こうすることで株の負担をやわらげます。

若い枝を残す
色のよい若い枝を残しておくと、また成長してきて収穫を楽しむことができます。

肥料を追加する
切り戻しをしたら、肥料を追加してやりましょう。これをお礼肥えといいます。緩効性の肥料を小さじ1杯ぐらい与えます。

その後の管理

霜が降りる前に株元を保温して

霜にあたる心配のない地域では、葉を残したまま冬越しできます。寒冷地では、株元をワラや腐葉土で覆って、霜と凍結を防ぎ、春になって新芽が伸び始めたら、様子を見ながら前年の枝を切ります。

葉の利用法

料理はもちろんのこと、その香りはさまざまな楽しみ方が可能です。花はタッジーマッジーの材料や、サラダの彩りにも利用することができます。

● 切り花として飾る。
● 料理の飾りやサラダに散らしても。

セージビネガーを作ってみましょう

剪定などで切り落とした葉つきの枝を利用して、香り豊かなセージビネガーを作ってみましょう。

材料
セージの枝(葉つき)2本
酢 200cc
ふたつきの密閉容器

1 セージをやさしくさっと洗い、完全に水気を切って乾かしておきます。

2 セージを清潔な密閉容器に入れてから、酢を静かに注ぎ入れます。セージが完全に浸かるようにしたらふたをします。

3 ときどきビンをゆすりながら、室温で2週間ほど置きます。

4 酢に香りが移ったら、セージをとり除くか茶こしなどでこします。

POINT

・カビが発生する原因となるので、洗ったときの水分は完全にとっておきます。

・セージの風味が足りない場合はセージを足します。

・逆にセージの風味が強すぎる場合は、酢を足して調整します。

・できあがったセージビネガーは、冷蔵庫に保存し、早めに使い切ります。

利用法

シチューやカレーなどの煮込み料理の仕上げに少し入れると、香り高くさっぱりとした風味に仕上がります。

セージの仲間

セージは花のサルビアの仲間で、花色、香り、花姿ともにとてもたくさんの品種があります。一般的なコモンセージのように料理に使うよりは、ガーデニングの素材として、香りと花を楽しむのに適したものが多いです。

■チェリーセージ

赤く鮮やかな花をつけ、主に観賞用として利用される。

■パイナップルセージ

葉にパイナップルの香りがあり、切り花やポプリ、サラダなどに。

■ゴールデンセージ

黄色い斑入りの葉が美しい品種。夏すぎに紫色の花が咲く。

■パープルセージ

葉が紫色に色づく品種。

■クラリーセージ

草丈1m以上になる大型種。寒さにも強い。

■ボックセージ

青い小花を咲かせる品種。寒さにも強くガーデニングに重宝。

■メキシカンブッシュセージ

主に切り花やドライフラワーの素材として使われる。

■フルーツセージ

葉に触れるだけでフルーティーな甘い香りのする品種。

■マドレンシスセージ

メキシコ原産で草丈が2mにもなる大型種。主にガーデニングに。

■ローズリーフセージ

バラに似た葉を持つ品種。濃いピンクの花が人気。

■メドーセージ

美しい青紫色の花が魅力的な品種。主にガーデニングに。

■レオノチスセージ

鮮やかなオレンジ色の花が特徴。主にドライフラワーなどに。

■ペインテッドセージ

紫、ピンク、白など、全体が絵の具などを塗ったように鮮やかに色づく。おもにガーデニングの彩りに使われる。

■クレベラントセージ

大きな水色の花を咲かせる園芸種。香りもよい。

■エルサレムセージ

草丈1mにもなる大型種。夏～晩秋に黄色い花が咲く。

クリーミーはちみつレモンのコールスロー

- ヨーグルトを使っているのでノンオイル -

材料【3〜4人分】

キャベツ…1/4 個	A セージ（みじん切り）…大さじ 1
キュウリ…1 本	ワインビネガーまたは米酢…大さじ 4
ハムや鶏ハム…適量	はちみつ…大さじ 2
コーン…大さじ 4	レモン汁…大さじ 2
ヨーグルト…1/2 カップ	塩…小さじ 1/2
	白こしょう…少々

作り方

1 キャベツとキュウリは千切りにして塩もみする。

2 鶏ハム、ハムは千切りにする。

3 コーンは汁をきっておく。

4 材料 A をボウルに入れよく混ぜ、最後にヨーグルトを混ぜる。

5 1 の野菜をしぼって、ハム、コーンと一緒に 4 のソースで和える。ソースは少し多めなので少しずつ和えていく。

トマトがじゅわっとあふれるイタリアンカツ

- フレッシュセージがお肉の旨味を引き立てる -

材料【4人分】

豚ロース薄切り肉…16 枚	溶き卵…適量
トマト…1 個	パン粉…適量
セージ…8 本	オリーブオイル…適量
クリームチーズ（15g のもの）…4 個	塩、こしょう…適量
薄力粉…適量	付け合せ野菜…適量

作り方

1 トマトを 1 センチ幅の半月に切る。

2 クリームチーズを半分の大きさに切る。

3 豚の薄切り肉を真ん中で少し重なるように 2 枚一組にして、トマトとセージ、クリームチーズをおいて巻く。

4 3 の表面に軽く塩、こしょうを振って、薄力粉、溶き卵、パン粉の順につける。

5 フライパンにやや多めのオリーブ油をひいて 180℃に熱し、4 をこんがりときつね色になるまで揚げる。食べやすくカットして付け合せの野菜と一緒に盛り付ける。

豚ひき肉とセージのバターロールサンド

- ピクニックにもっていきたいお手軽サンドウィッチ -

材料【8個分】

豚ひき肉…150g	マスタード…適量
エリンギ…40g	塩、こしょう…少々
セージ…1g 〜	ベビーリーフまたはレタス…適量
バター…10g	
マヨネーズ…30g	

作り方

1 ボウルにマヨネーズとマスタードを入れる。

2 フライパンにバターを溶かし、細かく刻んだエリンギをよく炒め、塩、こしょうをして、1 のボウルに入れる。

3 2 の空いたフライパンに豚ひき肉を入れ、色が変わるまで炒め、塩こしょうをし、細かく刻んだセージを加えて更に炒め、1 のボウルに入れ、よく混ぜ合わせる。

4 ロールパンに包丁で縦に切込みを入れ、トースターで軽くあたためる。

5 ロールパンにベビーリーフまたはレタスをはさみ、3 をのせる。お好みでケチャップをかける。

カモミール *chamomile*

別　名	カモマイル／カミツレ／カミルレ
科　名	キク科／一年草（ジャーマン種）・多年草（ローマン種、ダイヤーズ種）
原産地	地中海沿岸
草　丈	20〜60cm
用　途	ハーブティー、切り花、ドライフラワー、料理、ハーブバス、美容（フェイシャルスチームなど）、ポプリ、ガーデニングなど
ふやし方	さし木（ローマン種）、種まき（ジャーマン種）
病害虫	春のアブラムシ、ウドンコ病に注意

デイジーやマーガレットに似た可憐な花を咲かせるカモミール。花は甘いリンゴの香り、茎はさわやかな青リンゴの香りが漂う「大地のリンゴ」と称されるハーブです。フレッシュやドライで主にハーブティーとして楽しむものは、一年草のジャーマン種、多年草で這うように広がっていくのがローマン種です。カモミールのハーブティーはリラックス効果抜群。美容効果も期待できます。

月	1	2	3	4	5	6	7	8	9	10	11	12
植えつけ				●━━●						●━━●		
開花期				━━━━━━━━━━━								
収穫期			━━━━━━━━━━━━━━━━									
ふやし方			━━━━さし芽・株分け━━━━				━━種まき━━					

☀ 日照	日なたまたは半日陰
土	水はけのよい土
水	土の表面が乾いたらたっぷり与える
利用部分	花
効能・効用	風邪、鎮静、発汗、皮膚軟化など

カモミールの品種

カモミールの品種はいくつかありますが、一年草のジャーマンカモミール、多年草のローマンカモミール、黄花のダイヤーズカモミールの3種類が比較的入手しやすいでしょう。

©Eran Finkle

■ジャーマンカモミール

もっとも育てやすく、花もたくさん咲きます。日当たりと水はけのよい場所ならよく育ち、一年草ではありますが、地植えならこぼれ種から毎年育って楽しめます。花からはリンゴのような香りがし、開花期には黄色い花芯が丸くふくらむのが特徴で、つぼみのときから花が咲き終わるまでさまざまな表情が楽しめます。種は春と秋にまけますが、春まきは大きく育たずに開花してしまいます。秋まきして冬を無事に越したものの方がよりじょうぶに育ちます。苗の植えつけも春と秋にできます。

©Melanie Shaw Medical Herbalist

■ローマンカモミール

ジャーマンカモミールとよく似ていますが、こちらは何年も成育する多年草です。草丈はジャーマン種より低く、30〜50cmほどになります。花数はジャーマンカモミールよりやや少ないのですが、葉や茎からもリンゴのような香りがするので、庭に植えつけて香りの芝生にするのもよいでしょう。何年も育つので、地植えにするときはよく土を掘ってやわらかくしておきましょう。横に広がるので、鉢植えならやや広めの深い鉢で。種まきと植えつけは春と秋に。なお、梅雨時の過湿は厳禁です。

■ダイヤーズカモミール

初夏から夏にかけて、黄色い花を咲かせるカモミールです。染色用に利用されてきたため、「ダイ」（染めるという意味）ヤーズの名前がついています。茎葉まっすぐ上に伸び、草丈60cmほどになります。ローマン種と同様に多年草なので、一度植えれば毎年花が楽しめます。香りは他に比べてありませんが、切り花や花壇に植えつけるのには向いています。特に広いスペースに植えると、開花期には一面の黄色いカーペットのようになります。種まきと植えつけは春がおすすめです。

Check! 種からも育てられますが、春に園芸店に出回るポット苗から育てるとかんたんに育てられます。春に出る苗は、前の年の秋に種をまいて冬を越したじょうぶな苗だからです。春に苗を植えつければ、すぐに花を楽しめます。種から育てたい方は、葉が5〜6枚になるまで育ててから、鉢や庭に植えつけます。

苗から育てる

苗を用意する
苗は、小さくてもしっかりしていて、葉色の良いものを選びましょう。ヒョロ長い苗（徒長した苗）や、葉色が悪い苗は避けましょう。

苗をとり出す
ポットから苗を取り出します。逆さにすると、ポンととれます。根鉢（根と根のまわりの土）をくずさないように気をつけましょう。

苗を植えつける
元肥を与えて植えつけます。苗の根元が鉢の縁よりほんの少し高いぐらいになるのが、ちょうど良い深さです。

土をならす
表面の土を手でならして、株がグラグラしないようにします。

水をたっぷりかけて植えつけ完了です。鉢底から水が流れ出るぐらい水をやります。植えつけ直後は苗が弱いので、明るい日陰で3〜4日育てます。苗が落ちついたら、日当りと風通しの良い場所で育てます。土の表面が乾いたら、たっぷり水をやります。水はちょっとずつ回数多くやると、土の表面が湿るだけで根がのびません。回数はすくなくてもよいから、土の表面が乾いたら、鉢底から水が流れ出るぐらいたっぷりやるのがコツです。

その後の管理

日当たりの良い場所で育てる
カモミールはじょうぶで、やや日陰の場所でも育てられますが、日当たりの良い場所で育てると、花もたくさん咲きます。

風通しを良くする
葉と葉が込み合ってくると、茎や葉が蒸れやすくなります。特に、春から夏の暑い時期は、アブラムシがつきやすいので、風通しの良い場所で育てるようにしましょう。地植えで複数の株を育てる場合は、株と株の間を、10〜30cmあけるようにしましょう。

土が乾燥しない程度に水を与える
土の表面が乾いたら、たっぷり水を与えます。特に、夏場は乾燥しやすいので、土が完全に乾いてしまわないように注意します。地植えの場合は、植えつけの時にたっぷり水を与えれば、あとの水やりは不要です。

開花と収穫

つぼみ
春から初夏にかけてが収穫適期です。花茎（花がつく茎）がのびてきて、つぼみがつきます。

開花
花が咲きます。はじめはデイジーのように、平たい形をしています。花の形はだんだん変わっていきます。

花芯がふくらむ
数日たつと、花の中心の黄色い部分（花芯）がふくらんできて、白い花びらが下に下がってきます。

収穫
開花後3〜4日目、花芯が少しふくらんだ時が収穫適期です。午前中に花を摘みとります。花は次々と咲くので、毎日収穫できます。

次のページへ

POINT 花はフレッシュのうちにティー、切り花、料理の香りづけ、ハーブバスなどに。
日陰で乾燥させてドライにして、ティー、ドライフラワー、ポプリ、ハーブバスなどに。ドライは余ったら密閉瓶に入れて保存します。

まめ知識

カモミールもかなり古くから親しまれてきたハーブのひとつです。古代エジプトでは、その花姿から太陽神への捧げものとされ、さまざまな治療にも利用されてきたといわれています。古代ギリシャでは、婦人病や熱病、やけどなどの治療薬として利用されるなど、医療用ハーブとしての歴史も古いものがあります。近年でも、特にフランスやドイツをはじめとしたヨーロッパではおなじみ。アレルギーや更年期障害、神経障害を整えたり、美容によいハーブとして各国で利用されています。安眠やリラックス、抗うつなどが手軽に期待できることからも人気です。

さらに、カモミールはマリーゴールドなどのように、コンパニオンプランツとしても有益です。同じキク科のジョチュウギク（ピレスラム）などと同様、野菜と一緒に植えると害虫予防効果があったり、ハーブティーや美容に利用した後の花の残りを土にすき込むだけでもそういった効果が期待できます。
特に、カモミールを地植えにして、香り豊かな芝生として楽しむのもおすすめです。可憐な花はもちろん、踏むたびに甘い香りがただよい、まわりの植物にも好影響を与えて一石二鳥です。

ローマンカモミールで香りの芝を作る

苗を植えつけます。苗と苗の間（株間）は20～30cmあけます。苗が根づくまでは、土が乾かないようにします。

花芽が出てきたら摘みとります。花が咲いてしまうと株の姿が乱れるので、1年目は花を咲かせないようにしましょう。

葉が茂ってきたら切り戻して草丈を低くおさえます。時々足で踏んでやるとよいでしょう。

冬はところどころ枯れてきますが、地下の部分はちゃんと生きていて、春になると新しい芽が出てきます。

花を楽しみたい場合は、隅の方で咲かせるようにしましょう。

できるだけ花を咲かせないようにしていけば、2年目以降は、香りの芝を楽しめます。歩くと良い香りがします。

カモミールボンボンショコラ
- 風味豊かなちょっとぜいたくな味 -

【ガナッシュ】

作り方

1. 鍋に生クリームとカモミールを入れて弱めの中火にかけ、ふわっと湯気が出てきたところ（70℃くらい）で火を止め、蓋をして15分そのまま置き、茶こしでこす。
2. チョコは刻んでボウルに入れておき、バターは1cm角に切って冷蔵庫に入れておく。
3. こした生クリームと転化糖を鍋に入れて中火にかけ、転化糖が溶けて周りがふつふつしてきたら、火を止め、チョコの入ったボウルに入れる。
4. 泡立て器ですり混ぜてチョコを溶かし、温度が人肌くらい（36℃程度）に下がったら、バターを加えて更に混ぜてバターを溶かす。
5. ラップを敷き詰めたタッパーに流し込むか、クッキングシートを敷いた平らな場所に生チョコ用の枠、または10mmのカットルーラーを置き、その中に流し込み、スパテラを使って平らにして固める。

【仕上げ】

1. ガナッシュからカットルーラー（枠）を外して、テンパリングしたチョコレートを表面に薄く塗り固める。
2. 固まったらガナッシュをひっくり返し、クッキングシートをはがして、同様にチョコレートを薄く塗る。
3. 包丁をコンロの火で少し温めて、好きな形に切り（正方形、長方形、ひし形など）しばらく（できれば一晩）置く。
4. テンパリングしたミルクチョコに 3 をくぐらせ、余分なチョコを落としてクッキングシートかラップを敷いた平らなところに置き、転写シートを乗せて固める。

材料【50個分】

【ガナッシュ】	転化糖…20g
ミルクチョコ…100g	バター…10g
スイートチョコ…100g	
生クリーム（脂肪35%）…100g	**【コーティング】**
カモミール…5g	ミルクチョコ…400g程度
	転写シート（あらかじめカットしておく）…1枚

ほっと一息カモミールミルク
- ホットでもアイスでもおいしい -

材料【2〜4人分】

牛乳…2カップ
カモミール…2g
グラニュー糖…10〜15g

作り方

1. 牛乳を大きな計量カップ（できれば熱が伝わりやすい金属のもの）などに入れ、カモミール、グラニュー糖を加える。
2. 鍋で1ℓ程度のお湯をわかして火を止め、牛乳の入った器を入れて、時々混ぜながら10分置き、茶こしでこす。

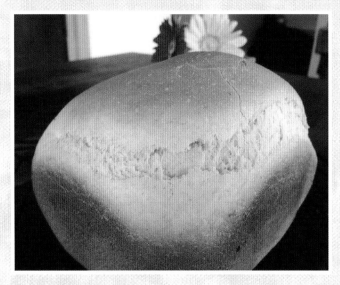

やさしい甘さのカモミールパン
- カモミールが香ってリラックス効果大 -

材料【1斤分】

牛乳…1カップ	はちみつ…25g
カモミール…大さじ2〜3	塩…4g
強力粉…200g	アーモンドプードル…15g
薄力粉…80g	ドライイースト…3g
バター…10g	

作り方

ホームベーカリーを使用
パンケースの中に牛乳を入れ、細かく刻んだカモミールを浸してから他の材料を入れる。

チャイブ

chives

別　名	チャイブス／エゾネギ
科　名	ネギ科／宿根草
原産地	ヨーロッパ
草　丈	20〜30cm
用　途	料理、薬味、ドライフラワーなど
ふやし方	株分け
病害虫	アブラムシ、ハダニに注意

見た目の通りネギのようなハーブ。その葉も風味や香りがネギに似ていますが、ネギよりも海外の料理によくマッチします。ハーブチーズやハーブバターなどにして親しまれますが、どんな料理にもよく合い、和食にも違和感なく合います。初夏に咲くネギ坊主のような花は、エディブルフラワー（食用花）として、サラダやそば、豆腐の薬味などにもおすすめです。また、ドライフラワーとして利用できます。

☀	日照	日なたまたは半日陰
🪴	土	水はけのよい土
💧	水	土が乾いたらたっぷり与える
●	利用部分	葉、花
●	効能・効用	消化促進、強壮、血行降下など

月	1	2	3	4	5	6	7	8	9	10	11	12
植えつけ				●―――――●						●―――●		
開花期				●―●								
収穫期			●――――――――――――――――――――――――――●									
ふやし方					●―――株分け				●―――株分け			

育て方

植えつけ（地植え）

地植え

植えつけの1週間前に堆肥を入れてよく耕し、苗を植えつけます。ポットの底穴に指を入れて苗をとり出します。

土を寄せる

苗の周囲の土を寄せます。根元が埋まりすぎず、まわりよりやや高くなるようにします。

苗をなじませる

株元をおさえて苗を落ち着かせます。

植えつけ（鉢）

地植えと同じ要領で

鉢植えの場合も同じように、鉢底網、鉢底石を入れ、培養土に元肥を与えて植えつけます。ある程度苗が落ち着いたら水を与えます。

その後の管理

高温と乾燥には弱いので、直射日光を避けて育てます。梅雨時、鉢植えなら雨の当たらない場所で管理します。庭や畑の場合は、寒冷紗などをかけて日よけするとよいでしょう。一年目はまず株を大きく充実させることが大切なので、最初は少しずつ収穫し、収穫後は液肥で追肥し、秋に成長し始めたときも追肥します。

収穫と冬越し

随時収穫する

一年目は無理に収穫せず、株を大きくしますが、ある程度育った苗からなら収穫しながら育ててもよいでしょう。外側の葉から1〜2本ずつ切って収穫します。2年目からは束ごと切ります。

冬越し

晩秋に固形肥料で追肥しておくと、春からの成長がよくなります。霜が降りる地域では、株元をワラなどで覆って防寒します。地上部が枯れますが、春先に地際から切っておくと、地下から新しい芽が伸びてきます。関東以南の地域では、冬越しのための手入れは特に必要ありません。

随時収穫する

ある程度大きくなったら、春か秋に株分けでふやせます。2〜3株に分け、傷んだ根や枯れた根を切り、新しい用土で植えつけます。花は生でサラダなどに利用したり、酢に漬け込むとピンク色のハーブビネガーができて楽しめます。ただし花が咲くと葉が固くなるので、葉をメインに収穫したい場合は花芽は摘みとりましょう。

40

アジの炊き込みご飯チャイブ入り
- ちょっと足すだけでもおいしいアクセントに -

材料【4人分】
米…2合
アジ（刺身用）…2匹分
白だし…大さじ2
しょうが汁…小さじ1
チャイブ…適量
塩…少々
酒…少々

作り方
1 米は洗ってザルにいれておく。
2 アジは骨がないか確認して、塩・酒をふりかけておく。
3 お釜に米と水（分量外）、しょうが汁、2のアジをいれて炊く。
4 食べる直前にチャイブを混ぜる。

大人のポテトサラダ
- ワインにぴったりな大人の味 -

材料【4人分】
ジャガイモ…中3個
クリームチーズ…30g
チャイブ（みじん切り）…大さじ1
レモン汁…少々

A
マヨネーズ…大さじ1
オリーブオイル…大さじ1
塩…小さじ1/2～1
粗挽き黒こしょう
…小さじ1/4（好みで増やしてもOK）

作り方
1 ジャガイモはよく洗って皮ごとゆで、柔らかくなったら取り出して皮を剥きマッシャーで潰す。
2 1の粗熱が取れたらクリームチーズを加えてよく混ぜる。人肌より少し冷ましてからAを全て加えてよく混ぜ、最後にチャイブとレモン汁を加えてさっくり混ぜる。

スモークサーモンのチャイブ巻き
- パーティーなどで一口おつまみに -

材料【2人分】
スモークサーモン…60g
クリームチーズ…50g
ルッコラ…適量
チャイブ…10～12本

作り方
ルッコラとクリームチーズをスモークサーモンで包み、チャイブを紐にみたてて結ぶ。

ローズマリー

rosemary

別　名	マンネンロウ
科　名	シソ科／常緑低木
原産地	地中海沿岸
草　丈	30〜200cm
用　途	料理、風味づけ、ハーブバス、ハーブティー、クラフト、ガーデニング、ポプリ、ヘルスケアなど
ふやし方	さし木、種まき
病害虫	比較的発生しにくい

ローズマリー特有の刺激的な香りが脳の働きを活性化し、記憶力を高める働きがあるといわれています。また古くから「若返りのハーブ」「記憶力を高めるハーブ」としての効能も有名です。肉料理の臭み消しとしても利用されるほかコンパニオンプランツとしても。さまざまな用途がある万能ハーブで、ガーデニングにも重宝します。

日照	日当たりのよい場所	
土	水はけのよい土	
水	土の表面が乾いたらたっぷり与える	
利用部分	葉、花、茎	
効能・効用	強壮、健胃、収れん、頭脳明晰化、リュウマチ、毛髪成長促進など	

月	1	2	3	4	5	6	7	8	9	10	11	12
植えつけ				■———————————■					■———————■			
開花期						■———————■			■—————■			
収穫期				■—————————————————————————————————————■								
ふやし方			■——————————————さし木				■——————さし木					

ローズマリーの品種

とげとげした草姿ですが、開花期には青や白、ピンクなど、可憐な小花をたくさん咲かせます。

珍しいオレンジ色の花を咲かせるフロリダローズマリー。

ピンク色の花を咲かせる品種。

白い小花を咲かせる品種。

葉に斑の入る品種。

＼ハーブバスに最適‼／

リフレッシュ効果が期待できるハーブバス。入浴直前に浴槽に入れるだけです。蒸気と一緒にハーブの香りとエキスが体に染み渡ります。写真は、ローズマリー「ブルーボーイ」、オーストラリアンローズマリー、マスタードグリーン、ラベンダーです。

品種を選ぶ

植えつけは春か秋にします。ローズマリーには、枝がまっすぐ上に伸びる直立性と枝が這うように伸びる匍匐性、その間の半匍匐性のものがあります。育て方は同じでも成長の仕方が違うので、苗を購入するときに注意しましょう。

苗の植えつけ

水はけのよい土・容器を用意する

水はけがよいとよく育つので、水はけのよい土と、容器は素焼き鉢がよいでしょう。

苗をとり出す

容器は5号鉢以上のものに植えつけます。苗がとり出しにくい場合は、ポットを逆さにするとラクにとり出せます。

深さを調整する

培養土と元肥を入れ、苗をおいて様子をみます。土をたくさん入れすぎず、ウォータースペースをきちんと確保します。

土を入れる

鉢と苗の間に土を入れ込み、苗を安定させます。

水はけをよくする

根元が少し高くなるように、根元に土を寄せましょう。

水をたっぷり与える

鉢底から流れ出るぐらいたっぷり水をやり、2〜3日間、日陰におきます。

収穫

1年中収穫できる

葉は1年中いつでも収穫できます。茎葉が伸びてきたら、枝ごと収穫していきましょう。下の方の葉を残しておけば、また葉が生えてきます。

年に2〜3回開花する

春、初夏、秋に白やピンク、ブルーの花が咲きます。種から育てた場合は開花は2年目になります。

大きくなったら植え替える

枝がだんだん木のように固くなってきます。これを木質化といいます。株が大きくなって鉢底から根が出てくるようになったら、ひとまわり大きい鉢に植え替えましょう。収穫をしないで放っておくと、枝がボウボウに伸びてしまいます。枝の上の方を摘んで、わき芽を出させ、全体にこんもりとした株姿になるように育てましょう。

POINT さし芽でふやす

ローズマリーはさし芽でかんたんにふやすことができます。さし芽は春か秋に行いましょう。若い枝でも木質化した枝でもできますが、木質化した枝の方が根が出やすい傾向があります。

30分ぐらい水につけておき、下葉をとり除きます。

赤玉土のような清潔な土にさして、乾かないように水をやると1か月くらいで発根します。

発根したローズマリーのさし穂。

＜ローズマリーのジュレソース
- いろんな料理をおいしくしてくれる -

材料
ローズマリー（太枝のまま）…2g
水…2と1/2カップ
塩…小さじ1/2
ゼラチンパウダー…5g

作り方
1 鍋に水を入れ沸騰させ、ローズマリーを入れてから、火を止めふたをして5分したら、ローズマリーを取り出す。

2 塩とゼラチンパウダーを加え、溶けるまでよくかき混ぜ、お好みの容器に入れて、冷蔵庫で一晩冷やす。

ローズマリーの焼きおやき　＞
- ジャガイモとローズマリーの相性抜群なおやつ -

材料【4人分】
豚挽き肉…150g
ローズマリー（太茎から外したもの）…2g
ジャガイモ…400g
マヨネーズ…35g
牛乳…大さじ4
片栗粉…20g
塩…適量
粗挽きこしょう…適量
バター…20g

作り方
1 フライパンを中火で熱し、少量の油（分量外）を入れて豚の挽き肉と刻んだローズマリーをしっかりと炒める。

2 1に火が通ったら、キッチンペーパーの上に取り上げ、油をきっておく。

3 ジャガイモを洗い、芽をとり蒸してから皮をむく（蒸器で強火約15分）。

4 3のジャガイモを適当な大きさに切りボウルに入れ、バター、マヨネーズを加えつぶし、牛乳を加え塩・こしょうで味を調え、さらに片栗粉を加えてよく混ぜる。

5 2と4を合せ、ゴルフボール位の大きさを手に取り丸め軽くつぶし、16等分にする。

6 中弱火で熱したフライパンに油（分量外）をひき、5の両面にしっかり焼き色をつける。

＜北欧風サーモンのオーブン焼き ＆
ポテトのオーブン焼き
- とってもかんたんオーブンレシピ -

材料【4人分】

【ポテトのオーブン焼き】	【北欧風サーモンのオーブン焼き】
ジャガイモ（皮つきのまま一口大）…2個	サーモン…4切れ
ニンニク（たたきつぶす）…2片	ローズマリー…適量
オリーブオイル…大さじ2	生クリーム…1/2カップ
塩（あれば岩塩）…少々	レモン…1/2個
ローズマリーの葉…2枝	塩、こしょう…適量

作り方

【ポテトのオーブン焼き】
1 耐熱容器にジャガイモ、ニンニク、ローズマリーを入れ、上からオリーブオイル、塩をかけ全体を軽く混ぜる。

2 ホイルをかぶせ、180℃のオーブンで40～45分ほど蒸し焼きにし、串をさせるようなら出来上がり。

【北欧風サーモンのオーブン焼き】
1 キッチンペーパーなどで軽く水分を取ったサーモンに塩・こしょうをかけ、耐熱容器にいれる。

2 サーモンにまんべんなく生クリーム、レモン汁をかける。

3 2の上にローズマリーをのせる。

4 180℃のオーブンで20～25分程度焼いてできあがり。

魚介のオーブン焼き
- 下ごしらえのあとはオーブンにおまかせ！ -

材料【2人分】

イカ（内蔵を取って胴の部分を輪切り）…1ぱい
ホタテ（片側の殻を外す）…2個
エビ…4尾
ズッキーニ（5mm輪切り）…1/2本
タマネギ（くし切り）…1個
インゲン（半分にカット）…4本
アスパラ…2本
赤ピーマン（一口大に切る）…1/2個
ニンニク…1〜2片
ローズマリー…1〜2枝
タイム…2〜3枝
オリーブオイル…大さじ2
レモン…少々
塩…少々
こしょう…少々

作り方

1 オーブン用の天板に半量のオリーブオイルをたらして広げ、野菜と魚介を並べて置く。全体に塩とこしょうをふり、残りのオリーブオイルをまわしかける。

2 タイムとローズマリーの枝をちぎって何カ所かに散らして置き、みじん切りにしたニンニクを全体にふりかけ250℃に温めておいたオーブンに入れ、10〜15分ほど焼く。

3 焼き上がったら器に盛り、レモンを添える。

タコとローズマリーのパスタ
- あっさりとタコのパスタでインパクトある一皿 -

材料【2人分】

ローズマリー…4枝
茹でたタコ…2本
スパゲッティ…200g
オリーブオイル…大さじ5〜6
ニンニク…1片
赤唐辛子…2本
塩、こしょう…少々

作り方

1 たっぷりの湯に塩を少々加え、スパゲッティをお好みの固さに茹でる。茹で汁は捨てないでとっておく。

2 フライパンにオリーブオイルを熱し、スライスしたニンニク、赤唐辛子、ローズマリー2枝を加え、香りを出す。

3 2にスライスしたタコを加え、熱が通ったら茹でたてのスパゲッティを加え、塩、こしょうで調味する。茹で汁を絡めて具合を調節する。

4 火を止める直前に、ちぎったローズマリーを加える。

5 皿に盛りつけ、ローズマリーを飾る。

レモンバーム
lemon balm

別　名	メリッサ／ビーバーム／セイヨウヤマハッカ／コウスイハッカ
科　名	シソ科／多年草
原産地	地中海沿岸
草　丈	30〜100cm
用　途	ハーブティー、料理、デザート、ハーブバス、ポプリ、ガーデニングなど
ふやし方	さし木、種まき　病害虫　比較的発生しにくい

明るい黄緑色の葉が特徴です。レモンの芳香という意味のレモンバームは、その名前の通り、手でたたくとレモンの香りが漂うハーブです。とても丈夫で育てやすく、植えたままでどんどん広がっていくほど繁殖力おう盛です。リフレッシュできるハーブティーはもちろん、ハーブバス、ポプリなどに利用できます。

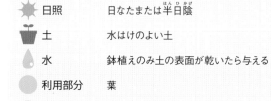

日照	日なたまたは半日陰
土	水はけのよい土
水	鉢植えのみ土の表面が乾いたら与える
利用部分	葉
効能・効用	強壮、血圧降下、消化促進など

月	1	2	3	4	5	6	7	8	9	10	11	12
植えつけ				■—|—■					■—|—■		
開花期					■—|—|—■						
収穫期	■—	—	—	—	—	—	—	—	—	—	—■
ふやし方			■—	—■ さし芽・種まき					■—	—■ さし芽・種まき	

Check! レモンバームはとてもじょうぶで、半日程度日が当たればよく育ちます。土が乾きすぎないように水をやれば、大丈夫です。種は細かいので、種を育苗箱にまいて育てるのが確実ですが、発芽力が強いので、庭や容器に直接まいても育てられます。

育て方

種まき

まき溝を作ってまく
プランターに培養土を入れてならし、ごく浅い溝を作り水を入れてよく湿らせておきます。そこに種をパラパラとまきます。

水やり
指で土をつまむようにしてごく薄く土をかけ、水をやさしくたっぷり与えます。ジョウロのハス口を上にすると、やさしく水がかかります。

発芽
約10日で発芽します。発芽まではやや日陰で育て、葉が4〜5枚になったら、成育の遅い苗を摘んで間引きます。

収穫

成育
種まき後2〜3か月で葉が大きくなり、立派な株になります。葉の色のよいものからどんどん収穫していきましょう。

収穫
節の上1cmくらいで茎ごと切りとり収穫します。わき芽が出るので、これを収穫するのをくり返します。

POINT 花が咲く前に収穫する

初夏になるとかわいい花が咲きます。花が咲きはじめたら、根元から10cmぐらいのところで茎ごと切りとります。こうしないと新しい芽が出てこないからです。ドライハーブにして楽しむには、開花直前の枝がベストです。日陰で乾燥させるか、枝を束ねて日陰に吊るしておいても保存できます。

切り戻し

繁殖力が強く、茎や枝がどんどん伸びます。特に鉢植えは主枝が上へ上へと伸びていきます。地植えの場合は1m以上も伸びます。放っておくと、風などで茎が倒れやすくなったり、葉と葉が混み合って蒸れやすくなります。そこで収穫を兼ねて手入れをしてやります。主枝が30cm以上になったら、切りとって収穫します。主枝を切るとわきから新しい枝が横へ伸び、こんもりとした姿になります。葉が茂りすぎたら、横に張り出した枝を切りとります。

＜ レモンバームとオレンジの蜂蜜あえ
- フレッシュで爽やかなスイーツ -

材料

オレンジ…2個
レモンバーム…適量
はちみつ…50〜100g

作り方

1 オレンジの皮を果肉がみえるところまで厚くむく。

2 房にそって切れ込みを入れ、レモンバームをはさむ。
※レモンバームの葉が大きいものは、縦に半分にすると
　はさみやすい。

3 はちみつをかけ30分〜1晩、冷蔵庫の中で冷やす。

レモンバームのアジアンドレッシング ＞
- ノンオイルでヘルシーな塩ドレッシング -

材料

レモンバーム…5g
レモン搾り汁…1個分
塩…小さじ2
スイートチリソース…大さじ1〜1と1/2
水…1カップ

作り方

ビンまたは筒状のタッパーに、細かく刻んだレモンバームの
葉を入れ、レモン汁・塩・スイートチリソース・水を加え、振っ
て塩が溶けるまでよく混ぜる。チリソースはお好みで量を調
整する。

＜ レモンバームオムレツと
　　セロリと梅干しのヘルシーピラフ
- 体にやさしいヘルシーなピラフ -

材料【2人分】

レモンバームの葉（粗みじん切り）　　　卵…4個
　　…15〜20枚程度　　　　　　　　ご飯…茶碗2杯程度
セロリ（粗みじん切り）…2本程度　　　塩、こしょう…少々
梅干し（粗みじん切り）…大2個　　　　バター…少々
溶けるチーズ…大さじ2程度　　　　　オリーブオイル…適量

作り方

1 ボウルに卵を割りほぐして、レモンバームと溶けるチーズ
を加えてよく混ぜ合わせる。

2 フライパンに少量のオリーブオイルを入れて熱し、セロリの
葉を炒める。ご飯を入れてさらに炒め、梅干しを加えて混
ぜ合わせる。塩、こしょうで調味する。

3 別のフライパンにバターを入れて熱し、1のオムレツの
たねを流し込み、半熟オムレツを作り、ピラフにのせる
ように盛りつける。

ラベンダー
lavender

別　名	品種によってさまざまなものがある
科　名	シソ科／常緑低木、多年草
原産地	地中海沿岸
草　丈	20～100cm
用　途	ハーブティー、ハーブバス、ハーブワイン、ポプリ、クラフト、ドライフラワー、切り花、ガーデニングなど
ふやし方	さし木、株分け、種まき
病害虫	比較的発生しにくい

紫色の可憐な花姿と、全草から匂う甘い良い香りが特徴のラベンダーはハーブの女王ともいえるリラックス効果抜群のハーブです。香水などの原料にされていることは有名ですが、ひと鉢部屋にあれば部屋中ラベンダーの香りでいっぱいになります。また、ハーブバスやハーブ石けんにしてもよいでしょう。品種も豊富です。

日照	日当たりのよい場所
土	水はけのよい乾燥ぎみの土
水	土が乾いたら控えめに与える
利用部分	花、葉、茎
効能・効用	血圧降下、抗うつ、鎮静、消毒、解毒、生理不順など

月	1	2	3	4	5	6	7	8	9	10	11	12
植えつけ				■――――■					■――――■			
開花期					■――――――――■							
収穫期					■―――――■							
ふやし方				さし木・株分け					さし木・株分け			

ラベンダーの品種

上の写真のようなイングリッシュラベンダーが一般的で、これだけでもかなりの品種があるのですが、ぽってりとした花姿のフレンチラベンダーや、色違いの品種などを合わせるとさらに多くなります。

■フレンチラベンダー（ストエカス種）
独特な花の形が特徴。イングリッシュラベンダーに比べて寒さには弱いが丈夫で育てやすい。花色は紫の他、ピンクや白などもある。

■マンステッド
小型の品種で、ガーデンの縁取りなどに向く。コンパクトで株が乱れにくい。

■早咲き3号
その名の通り早く花が咲く。他よりもじょうぶで、つぼみのときから紫色をしている。

■ソーヤーズ
濃い紫色の花で、多湿に強い品種。やや遅咲き。

■ナナ
白やピンクの花を咲かせる、やや葉と茎が細い品種。

もともと乾燥した地域で自生していたため、日当たりの良い場所、水はけのよい土がベスト。種からも育てられますが、発芽までに相当時間がかかるので、ポット苗から育てる方がよいでしょう。水やりはごく控えめにして、やや乾燥気味にした方がよく育ちます。肥料も控えめでよく、苗を植えつける時に入れる元肥と、秋に収穫が終わったあとに、お礼肥を少々やる程度で大丈夫です。

苗の植えつけ

苗を用意する

培養土に元肥を入れて混ぜ、苗を取り出します。逆さにすると、ポンととれます。根鉢をくずさないように気をつけましょう。

容器に植えつける

容器の真ん中に、苗を植えつけます。根元がやや高くなるようにすると、水はけが良くなります。

水を与える

水をたっぷりかけて植えつけ完了です。植えつけ直後は株が弱るので、日陰で3〜4日育てます。

その後の管理

苗が落ちついたら、日当たりと風通しの良い場所で育てます。土が乾いたらたっぷり水をやります。水は、ちょっとずつ回数多くやると、土の表面が湿るだけで根が伸びません。回数は少なくてもよいから、用土の表面が乾いたら、鉢底から水が流れ出るくらいたっぷりやるのがコツです。ただし、夏場は土が乾きやすいので1日2回ぐらい水をやります。地植えの場合は、植えつけの時にたっぷり水をやれば、あとの水やりは不要です。梅雨の湿気と夏の高温多湿に弱いので、梅雨期は軒下に移動して、雨を避けましょう。春から夏は成育おう盛なので、10日に1回くらい水やりを兼ねて液肥を与えると大きく育ち、葉もたくさんつきます。

開花と収穫

開花

やがて花茎が伸び、初夏になると紫の小花が穂状に咲きます。花が咲く直前がもっとも香りのよい時期です。

収穫したものはフレッシュのまま切り花やハーブティーに。ドライにしてハーブティーやお菓子の香りづけ、ハーブバス、ポプリ、ドライフラワーなどに利用できます。

収穫時のコツ

葉を数枚つけて、茎の下の方から切りとります。手ではなかなかとりにくいので、ハサミで切るようにします。

切り戻しと追肥

花後に切り戻す

花が咲き終わった状態（花後）。花穂の下で切ります。切ったものは乾燥保存して利用しましょう。

追肥する

切り戻したら、固形肥料で追肥します。根を痛めないように、根から少し離れたところにまきましょう。

翌春の成長

切り戻した茎のわきから、翌春に枝が伸びてまた開花します。株が大きくなって、鉢底から根が出たら、一回り大きいサイズの容器に植え替えます。

冬の手入れ

冬はラベンダーの休息時期。風が強い場所であれば、根元に落ち葉や土を寄せて、保護してやりましょう。冬のラベンダーの姿は地味なものですが、ちゃんと生きていて、翌年の春を待っています。枯れてしまったと思ってあきらめないようにしましょう。

さし木

若い枝を長さ20cmぐらいに切って水につけておき、土にさすところを斜めに切り、発根剤につけます。深さ3cmぐらいの穴をあけ、さし穂をさします。さし終わったら、風の当たらない半日陰の場所におき、土が乾かないように、水を与えます。10〜15日で発根します。発根したら日当りの良い場所で育て、20〜30日で移植できるようになります。根を傷めないように土をほぐして苗を取り出します。

ラベンダーのミルクティー
- 爽やかな香りと甘いミルクティー -

材料【2人分】
ラベンダーの穂先…10本程
水…1カップ
牛乳…1と1/2カップ
紅茶の葉…大さじ1
砂糖…大さじ2

作り方
1 鍋に、水、ラベンダー、紅茶を入れて火にかけ沸騰させる。
2 沸騰したら牛乳、砂糖を入れて、再度ふきこぼれないように沸騰させる（砂糖の加減はお好みで調整する）。
3 茶こしで、茶葉とラベンダーをこしながらカップに注ぐ。

ラベンダーシフォンケーキ
- 甘さ控えめの大人スイーツ -

材料【18cmのシフォンケーキ型1個分】
卵黄…5個分
卵白…6個分
砂糖…60g
豆乳…1/2カップ
サラダ油…80ml
小麦粉…120g
ラベンダー…大さじ1

作り方
1 卵白は、つのが立つまで泡立てる。
2 砂糖の半量を加え、さらに泡立てる。
3 別のボウルで卵黄と残りの砂糖を加えて白っぽくなるまで泡立てる。
4 豆乳を注いで混ぜ、サラダ油を少しずつ加えて混ぜたら、小麦粉とミルサーで粉にしたラベンダーをふるい入れ、ヘラで粉けがなくなるまで混ぜる。
5 混ざったら 2 の卵白を 1/3 ずつ加えてさっくりと混ぜ、シフォンケーキ型に入れて軽く持ち上げてトントンと落とすように2、30回たたいて空気を抜く。
6 170℃のオーブンで45分焼き、びんなどに逆さにさして冷ます。

ラベンダークッキー
- かんたんにできる大人雰囲気のクッキー -

材料【5人以上分】
全粒粉…90g
強力粉…10g
塩…小さじ1/4
アーモンドプードル…100g
メープルシロップ…65g
なたね油…40g
ラベンダー…約大さじ1

作り方
1 フードプロセッサーもしくはグラインダーにラベンダーを入れて、粉状にする。さらにアーモンドプードルを加え、撹拌する。
2 1 と残りの材料すべてをビニールの袋に入れて、一かたまりにまとめられるくらいになるまで混ぜ合わせる。
3 そのまま冷蔵庫で30分ほど休ませる。
4 オーブンを160℃に予熱しておく。
5 冷蔵庫から出した 3 を麺棒で伸ばし、型抜きして、クッキングシートを敷いた天板にならべ、15分焼く。

＜ ラベンダー風味のワイン
- いつものワインをグレードアップ -

材料

ロゼワイン…1本
ラベンダー（ドライの花穂）…大さじ3

作り方

1 ワインの栓を開け、中身を大さじ2ほど取り出し、ラベンダーを入れる。

2 湯を沸かした鍋にワインのボトルを入れて、湯煎にかける。

3 ワインのボトルの中で気泡が上がってきたら、湯煎からはずして冷ます。

4 冷めたら茶こしでこして、ラベンダーを取り除く。

ラベンダーのセンテッドシュガー ＞
- ケーキやトーストの風味付けに -

材料

ラベンダー（ドライ）…1/2カップ
グラニュー糖…1カップ

作り方

1 グラニュー糖は密閉ビンに入れておく。

2 ラベンダーは乳鉢ですって、香りをたて、すぐ**1**のビンに入れる。

3 香りがグラニュー糖に移るように時々ビンを揺する。

＜ ラベンダーシュガートースト
- 朝に食べたいラベンダー風味のパン -

材料

ラベンダーのセンテッドシュガー…適量
フランスパン…人数分
バター…適量

作り方

1 フランスパンを斜めにスライスしてトーストする。

2 バターを塗って、上にラベンダーのセンテッドシュガーをかける。

センテッドゼラニウム

scented geranium

別　名	ニオイゼラニウム
科　名	フウロソウ科／多年草
原産地	南アフリカ
草　丈	30～100cm
用　途	エディブルフラワー、香りづけ、ポプリ、ハーブバス、ガーデニングなど
ふやし方	さし木　　病害虫　比較的発生しにくい

フランスでは古くから香水の原料として親しまれているゼラニウムの代表種。特に代表的なのはバラの香りの「ローズゼラニウム」です。花はサラダにしたり、デザートの飾りなどに、葉はお菓子に利用されたりします。その他の品種は主にさまざまな香りをもつ花を楽しみます。

- 日照　日当たりのよい場所
- 土　乾燥ぎみの肥えた土
- 水　土が乾いたら控えめに与える
- 利用部分　葉、花
- 効能・効用　細胞成長促進、殺虫、収れん、血管収縮など

月	1	2	3	4	5	6	7	8	9	10	11	12
植えつけ			■	■	■	■			■	■	■	
開花期			■	■	■	■	■	■	■	■	■	
収穫期			■	■	■	■	■	■	■	■	■	
ふやし方			■	■	■	さし芽			■	■	さし芽	

Check! センテッドゼラニウムは比較的寒さに弱いので、東京より北の地域なら、地植えの場合は冬は鉢に移して室内で管理しましょう。一方、開花期も長く成育はおう盛な多年草なので、花がらや先端を摘みながらボリューム感のある株に育てるとよいでしょう。

育て方

鉢植えの場合

鉢の用意

種は入手しにくく栽培も難しいので、苗から育てるのが一般的です。9号以上の鉢に赤玉土、培養土、元肥を入れます。

苗を用意する

葉のつきがよく、徒長していないしっかりした苗を用意します。株元をおさえてポットの穴に指を入れてとり出します。

植えつけ

培養土を入れて、株元の土がやや高くなるようにすると水はけがよくなります。

水やり

植えつけ後はたっぷりと水を与え、根づくまでは日陰で育て、その後は日なたに移します。土の表面が乾いたら水を与えます。

その後の管理

センテッドゼラニウムは成育おう盛で、花も秋まで断続的に咲かせます。花がらはこまめに摘みましょう。また、梅雨時に傷んだ葉や茎も摘みとります。また、大株に育つ品種が多く、花をよくつけるためには液肥などで随時追肥する必要があります。鉢植えなら、成育を見ながら2週間に1回程度は水やりを兼ねて追肥するとよいでしょう。

剪定と花がら摘み

剪定（せんてい）

わき芽を伸ばすための弱い剪定と、冬越しのための強い剪定があります。弱い剪定は混み合ったところを切って風通しをよくし、強い剪定は株の3分の1まで切り戻します。

花がら・葉がら摘み

咲き終わった花の花がらと、枯れた葉がらは見た目も悪く、病気の原因にもなります。見つけ次第ハサミで切りとりましょう。弱い枝も同様にカットします。

さし木

さし木はとてもかんたんで、春と秋にできます。若い花穂を切り、下葉を2～3枚ずつとり除き、下の部分を斜めにカットします。その後鹿沼土（かぬまつち）などにさし、日陰で発根するまで管理します。

センテッドゼラニウムの品種

とても多くの品種があり、それぞれ香りや花姿が異なります。好みに合わせて複数の種類を育ててみるのもおすすめです。

■ローズゼラニウム
バラに似た香りの人気種で、ジャムやケーキの香りづけに。

■レモンゼラニウム
レモンに似た香りがあり、お菓子や料理の香りづけに最適。

©salchu

■アップルゼラニウム
白い小花と丸い葉が特徴。リンゴのようなフルーティーな香り。

■シナモンゼラニウム
薄い葉からはシナモンのようなスパイシーな香りがします。

■クロリンダゼラニウム
他よりも大輪の花が咲くので切り花にも。ユーカリに似た香り。

■ファンリーフゼラニウム
チリチリに縮れた葉で、個性的な香りがあります。

■ペパーミントゼラニウム
ペパーミントの香りで、よく枝分かれして小花を多くつけます。

■ミステイラーゼラニウム
鮮やかな赤い花で、葉にはスパイシーなバラ系の香りが。

■ミントローズゼラニウム
葉にはバラ系の香りがあり、小さな斑が入ります。

■レッドカプリゼラニウム
濃いピンクで小ぶりの花を咲かせます。比較的株はまとまります。

■アトミックスノーフレークゼラニウム
丈夫な品種で、バラ系の香りは乾燥しても残るほどです。

■スイートミモザゼラニウム
1m以上に育つ大型種。フルーティーな甘い香りがあります。

シソ perilla

別名	オオバ
科名	シソ科／一年草
原産地	日本
草丈	50～60cm
用途	主に料理に利用する
ふやし方	種まき
病害虫	モザイク病、ガの幼虫、バッタの食害などに注意

育てやすく便利な香味野菜のシソは、日本のハーブの代表種ともいえるものです。品種としては青ジソと赤ジソがありますが、赤ジソは主に梅干しの色づけやジュース、デザートなどに使うのに対して、青ジソはアレンジ次第でどんな料理にも利用できます。作り方はどちらも同じです。料理のおいしさをグンとひきたてる葉だけでなく、収穫時期によって芽ジソ、葉ジソ、穂ジソ、実ジソといろいろ楽しめるのも魅力です。

日照	日当たりのよい場所
土	水はけのよい土
水	土の表面が乾いたらたっぷり与える
利用部分	葉、花、花穂、種
効能・効用	神経痛、糖尿病の改善など

月	1	2	3	4	5	6	7	8	9	10	11	12
植えつけ				■━━━━━━━■								
開花期					■━━━━━■							
収穫期				■━━━━━━━━━━━■								
ふやし方				■━■ 種まき								

Check! 上手に作るためのポイント

● 暖かくなってから種をまくようにします。　　　　　● 土は薄くかけます。
● シソは寒さに弱く、25℃くらいの温度でよく育ちます。種は、4～5月に暖かくなってからまきましょう。
● シソの種は光を好むので、種をまいた後にかける土はごく薄くします。発芽までは日数がかかるので、土が乾燥しないように、濡れた新聞紙などをかぶせておくと発芽しやすくなります。

──赤ジソの育て方──

梅を漬ける時に欠かせない赤ジソは、暖かい場所に早まきします。桜の花が満開のころ種をまき、6月ごろに収穫します。日当たりのよい場所で育てると葉色が鮮やかになります。

赤ジソジュース

赤ジソを使って、きれいでおいしいジュースを作ってみましょう。栄養たっぷりで、美容や夏バテの予防にぴったりです。原液はかなり濃いので、5倍ほどに薄めて飲むとよいでしょう。

材料【原液約1ℓ分】
赤ジソの葉 250g
砂糖 200g
※甘さは好みで調節してください。
水 1リットル
酢 25cc

1 葉を熱湯に入れてアクをとります。

2 お湯を捨てて、次に葉を水から煮ます。このとき砂糖も入れます。

3 葉をとり出して酢を入れると、鮮やかな赤色になります。

育て方

種まき
畑を軽く耕して平らにして、水をかけてよく湿らせてから、種をバラバラと密にまきます。土は種が隠れる程度にごく薄くかけます。

発芽
種まき後10〜15日で発芽します。子葉の次に出てくるギザギザの葉が本葉です。

芽ジソの収穫
本葉が出てきたら、葉が混み合っている部分を間引きます。間引きしたものは、芽ジソとして薬味などに利用します。

葉が混み合ったら
成育中も、葉が混み合ってきたら間引き、最終的に株間が30cmになるようにします。間引いたものも捨てずに利用します

種から育てる場合

収穫しながら育てる

葉ジソの収穫
本葉が10枚以上になったら、上部の2〜4枚を摘みとって収穫します。成育中は水やりを兼ねて、2週間に1回液肥（えきひ ついひ）で追肥します。

常に新鮮な葉を収穫するためには、一度にたくさん収穫しないのがコツ。

開花と収穫

摘み取る

下葉を切り取る
大きくなった葉を下から切りとって適宜収穫し、葉ジソとして利用します。

摘芯（てきしん）
夏の終わりに上部の葉を摘みとります(摘芯)。摘芯すると、わきから枝が生えてくるので、また収穫できます。

穂ジソの収穫
8月下旬ごろに白い花が咲きます。花が咲きはじめたら、摘み取って穂ジソとして利用します。

追肥

穂ジソは天ぷらやお吸い物の具などに利用できます。

実ジソの収穫
花が咲き終わったら、結実した種を収穫して、実ジソとして利用します。佃煮（つくだに）、香辛料などに。

翌年の収穫
シソは地植えなら、翌年以降もこぼれ種からよくふえます。

苗から育てる場合

シソは種からでもかんたんに育てられますが、はじめての方は苗を購入して植えつけて育てると、より楽に栽培できます。大きい葉が5〜6枚ついた、茎がしっかりした苗を選びましょう。容器は5号鉢以上のものが目安です。根鉢をくずさないようにとり出し、株元をやや高くして植えつけます。植えつけ後にはたっぷりと水を与え、2〜3日日陰で管理します。根づいたら日当たりのよい場所に移し、水やりを兼ねて2週間に1回ほど液肥で追肥します。

プランターで育てる場合

シソはプランターでもかんたんに作れます。深さ10cm以上の容器に砂とバーミキュライトを入れます。水でよく湿らせてから、種をバラまきにして、上から新聞紙をかけます。新聞紙の上から時々水をやり、発芽したら新聞紙を取り除きます。成育中は、用土が乾いたらたっぷり水を与えます。

ササミの梅シソがけ
- 早くできて、かんたんでおいしい！-

材料【2～3人分】

ササミ（筋をとっておく）…3本
梅（種をとって細かく叩く）…3個
シソ（みじん切り）…3枚

作り方

1 ササミを塩ゆでする（水に対して1%の塩を加えたもの）。

2 梅とシソを混ぜておく。

3 茹でたササミを水で冷まし、水分を拭く。

4 筋取りで切り開いたところに梅シソを挟み込む。

エビとシソのオイルパスタ
- エビとシソの黄金コンビ -

材料【1人分】

エビ…3～5尾	赤唐辛子（輪切り）…適量
シソ…5～7枚	オリーブオイル…大さじ4
スパゲティ…100g	塩…小さじ2～3
ニンニク…1片	ゴマ…小さじ1

作り方

1 フライパンに、オリーブオイル、みじん切りしたニンニク、輪切り唐辛子を入れる。（同時進行でパスタも茹でていく。）

2 弱火で、ニンニクが色づくように、ゆっくり炒める。

3 背ワタをとったエビを15秒くらい炒める。

4 3に、パスタを茹でている茹で汁をおたま1杯と、手でちぎったシソを入れて、強火でグッと1分くらい煮る。

5 火を止め、塩を入れて味を調える。

6 茹で上がったパスタと、5を手早く混ぜて、お皿に盛る。

7 最後にゴマを振りかけて完成。

シソとイカの塩焼きそば
- かんたんにできる居酒屋風メニュー -

材料【3人分】

焼きそば…3玉	酒…1/4カップ
イカの一夜干…1ぱい	こしょう…適量
シソ…20枚	
塩…小さじ2/3	

作り方

1 シソは縦に半分、横に5つくらいに切る。

2 イカはシソに大きさを合わせて切る。

3 焼きそばは電子レンジで温める。

4 弱火のフライパンに2のイカを入れ、さっと炒めたら、酒、塩、こしょうを加えて混ぜる。

5 焼きそばを入れてほぐしながら2分ほど炒め、仕上げにシソを入れて混ぜる。

薬味丼
- 体に優しいヘルシー丼 -

材料【2人分】
- ミョウガ（斜め薄切り）…1本
- シソ（細切り）…3枚
- ダイコン…5cm
- 卵…2個
- 麺つゆ（3倍濃縮）…大さじ3

作り方

1 皮をむいたダイコンをすりおろす。

2 すりおろしたダイコンを汁と実に分ける。

3 ご飯にダイコンおろしと野菜をのせ、卵を割り入れ、2の汁と麺つゆを混ぜてかける。

いくらとたらこのカペッリーニ
- いくらの塩気でいただくさっぱり味 -

材料【2人分】
- カペッリーニ…160g
- たらこ…1腹
- いくら…大さじ1
- シソ…2枚
- バター…大さじ1
- レモン汁…1/4個分

作り方

1 たらこは薄皮をとってレモン汁をかけ、溶かしバター（電子レンジで約2分加熱）と混ぜ合わせる。

2 シソは縦半分に切って重ね、くるくると巻いて端から千切りにする。

3 アルデンテに茹でたカペッリーニはざるにあげて水気をきり、1のたらこバターと2のシソを軽く和えて器に盛り、全体にいくらを散らす。

ホタテのマリネ
- 地中海の家庭料理を満喫できる一品 -

材料【4人分】
- シソ…2〜3枚
- ホタテ（生食用）…2個
- トマト…1/4個
- タマネギ（みじん切り）…小さじ1
- ハーブビネガー…小さじ2
- オリーブオイル…大さじ3
- チャービル…適量
- カモミール…適量

作り方

1 ホタテは薄く3〜4枚にスライスする。

2 タマネギとシソはそれぞれみじん切り、トマトは種を取り除いて細切りにする。

3 2をボウルに入れ、ビネガー、オイルを加えてよく混ぜ、塩、こしょうで調味する。

4 皿に1を並べ、3のマリネ液をたっぷりかける。仕上げにチャービルとカモミールを添える。

ハーブ料理を楽しもう

ハーブと言えば、ハーブティー。それ以外にもさまざまな料理にはもちろん、調味料としても使用されています。
ここでは、おいしいハーブティーの入れ方、ハーブバター、ハーブオイルの作り方から、
いろんなハーブを使ったおすすめのレシピをご紹介します。
フレッシュハーブを使って、これまでのお料理をワンランクアップさせてみませんか。

おいしいフレッシュハーブティー

ティーバッグでももちろんおいしいハーブティーですが、
自分の育てたハーブでもおいしくいただけます。

1 ティーカップとティーポットに
お湯を入れて器を温めておく。

2 ポットのお湯を捨てて、お好み
のフレッシュハーブを入れる。
(写真はスペアミント、スイー
トマジョラム、レモングラス)
3種類くらいがおすすめ。

3 ポットに熱湯を注ぐ。

4 お湯を注いだら香りを逃さな
いようにすばやくふたをして3
〜5分蒸らす。※時間をおく
と変色したり、味が変わって
しまうので、熱いうちに飲み
きりましょう。

バジルペースト

バジルをすり潰すだけでかんたんにできるペースト。
パンにつけてもよし、ジェノベーゼパスタにしてもよし。

> 材料
> バジル…40g
> ニンニク…1片
> 松の実…10g
> オリーブオイル（エクストラバージン）
> …大さじ3〜5
> パルメザンチーズ…大さじ1/2
> 塩・こしょう…各小さじ1/3

1 ニンニクをスライスする。

2 すり鉢に1を入れ、すり潰す。

3 松の実を入れて、さらにすり潰す。

4 すりやすくするために、オリーブオイルを大さじ1ほど入れる。

5 バジルをちぎりながら追加する。

6 オリーブオイルを足しながら、バジルをすっていく。

7 オリーブオイルは一気に足すと混ぜにくくなるので、混ぜながら少しずつ足していく。

8 10分ほどすり潰していく。

9 残りのオリーブオイルを入れる。

10 よく混ざってペースト状になったら、ゴムベラに持ち替えパルメザンチーズを足す。

11 塩・こしょうをふって調味する。

12 よく混ぜ合わせてできあがり。

ハーブバター

市販のバターにフレッシュハーブを混ぜるだけ。
ちょっとの手間で格段に風味がアップします。

1 ハーブバターに最適なハーブを用意する。(写真はセージ、チャイブ、ローズマリー、セルフィーユ、イタリアンパセリ、タイム)

2 チャイブは単独で細かく輪切りにしておく。

3 チャイブ以外のハーブはすべて一緒にみじん切りにする。

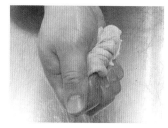

4 みじん切りにしたら、キッチンペーパーで包み、握って水気を切る。

5 常温に戻したバターを泡立て器でホイップする。こうすることで空気を含み、旨味がアップする。

6 5に切ったハーブを入れ、しっかり混ぜ合わせる。

7 混ぜたら、ホイルで包み、冷蔵庫で冷やす。

8 バターが固まったらできあがり。

※オリーブオイル2カップに対し、30gのハーブを使用します。

ハーブオイル

オリーブオイルにお好みのハーブを浸けるだけ。
選ぶハーブの香りが強ければ強いほど、しっかりオイルに味が移ります。

1 お好みのハーブを用意する。（写真はフェンネル、ローズマリー、ローリエ、マジョラムなど）ハーブは事前に水気を切っておく。

2 密閉できるビンと好みのスパイスを準備。今回はブラックペッパーとコリアンダー。他にもニンニクやチリペッパーがおすすめ。

3 密閉できるビンにハーブ、スパイスを入れる。

4 オリーブオイルを注ぎ、ふたをして、冷暗所に2〜3日置けばできあがり。1日に1回ビンをふると、香りが移りやすい。

ローズヒップジャム

バラの花後に出来る実（ローズヒップ）を使ってジャムが作れます。
酸味の効いたジャムは、パンやクッキーのお共に。

材料
ローズヒップ…適量
砂糖…適量
レモン汁…適量

作り方

1 下処理（下記に掲載）したローズヒップを洗い、鍋に入れ水を加えて煮る。

2 量が半分程度になったら、砂糖、レモン汁を加えてとろりとするまで煮込む。分量は調味しながら決める。

ローズヒップの下処理 ·······

1 収穫したローズヒップを洗う。

2 先端を切り、縦半分に切る。

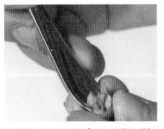

3 種とわたをスプーンで取り除く。

4 果肉の部分はジャムにし、種は育苗用に使う。

自家製ハーブでオリジナル料理

ここからは自分で育てたハーブを使ってできる、オリジナル料理をご紹介します。
市販のものよりも芳醇な香りが期待できる自家製ハーブでお料理もワンランクアップ！

ごろごろ根菜のさっぱりスープカレー
(使用ハーブ＝ローリエ、イタリアンパセリ)

作り方

1 豚肉は塩、こしょう(分量外)をすり込み、常温で10分くらいおく。

2 麦芽押麦は麦芽押麦用の水につけておく。

3 レンコンは酢水に10分くらいつけておく。

4 フライパンにサラダ油（分量外）とニンニク・ショウガを入れて、豚肉の全体に焼き色をつける。

5 圧力鍋にタマネギ・焼いた豚肉・ネギの青い部分の順に入れて、隙間にローリエ・イタリアンパセリの茎を入れる。

6 次に水・白ワイン・酢を入れ、沸騰させて灰汁をとり火を止める。

7 圧力鍋の蓋をして火にかける。圧力がかかったら、強の圧力で10分圧力をかける。

8 鍋を急冷して圧力が下がったら蓋を開け、レンコン・ニンジン・ダイコン・麦芽押麦・麦芽押麦用の水・塩麹少々を入れ、再び圧力をかけて、強の圧力で5分圧力をかける。（水分が少ない時は、野菜等がかぶる程度に水を追加する）

9 自然に圧力が下がってから30分以上放置する。

10 食べる前に温め(このまま食べると薄味のポトフ)、カレールウを溶かしいれて、クレソンを添えて、お好みでマスタードを添える。

材料【4人分】

水…4カップ
白ワイン…1カップ
酢…大さじ2
豚ロース（塊肉）…400g
ダイコン（太め半月切り）…10cm
レンコン（太め半月切り）…10cm
ヤマイモ（太め輪切り）…10cm
ニンジン（太め半月切り）…1本
タマネギ（輪切り）…1個
ローリエ…1枚

ネギの青い部分…適量
イタリアンパセリの茎…適量
ニンニク・ショウガ（薄切り）…各1片
塩麹…適量
カレールウ…1箱が12分割のもので2個程度
麦芽押麦…大2
麦芽押麦用の水…1/2カップ
クレソン…適量
こしょう…適量

カリフラワーとペパローニのオレガノパスタ (使用ハーブ＝オレガノ)

材料【2人分】

好みのショートパスタ…50～60g
カリフラワー…1/3個
ペパローニ/サラミ（細切り）…小6～8枚
松の実…大さじ2
タマネギ（スライス）…1/2個
ドライオレガノ…小さじ1強
レモン（くし切り）…適量
塩、こしょう…少々
オリーブオイル…大さじ1

作り方

1 カリフラワーは小房に分けてかために茹でて水を切る。

2 塩を加えたたっぷりのお湯でパスタを茹で始める。

3 フライパンにオリーブオイルを入れて火にかけ、タマネギを炒める。透き通って軟らかくなったらOK。

4 弱火にして松の実とペパローニを加えて軽く炒める。1のカリフラワーも入れて炒め合わせる。

5 茹であがったパスタはさっと水を切って4のフライパンに加える。水は切りすぎずお湯が滴っている位がちょうど良い。

6 全体をなじませて、塩、こしょう、オレガノで調味する。お皿に盛り付けてレモンをしぼる。

キャットニップの花とリンゴの
香り豊かなサラダ （使用ハーブ＝キャットニップ）

材料【2人分】
　　キャットニップの花…適量
　　リンゴ…1/2個
　　サツマイモ…適量
　　サラダ菜・リーフレタス・ロロロッサなどの葉…適量

作り方

1 キャットニップの花の部分だけを摘み取る。

2 リンゴとサツマイモをスライスして電子レンジで少し柔らかくする。

3 ほど良い硬さになったら粗熱がとれるまで待つ。

4 器にサラダ菜・リーフレタス・ロロロッサなどお好みの葉をちぎって敷く。

5 **4**の上に**3**をのせて最後にキャットニップの花を細かくちぎって散らす。

カニのディル風味サラダ
（使用ハーブ＝ディル）

材料【6人分】
　　カニの身…300g
　　セロリ（2本分）…120g
　　レッドオニオン…60g
　　プチトマト…120g
　　オリーブオイル…大さじ3
　　ライムの絞り汁…大さじ2
　　ディル…大さじ2
　　ハーブソルト…小さじ1
　　ミックスベビーリーフ…適量

作り方

1 ボウルにみじん切りしたレッドオニオンとセロリ、ディルを入れて、ハーブソルト、オリーブオイル、ライムの絞り汁を入れて数分おいて味をなじませる。

2 カニの身と刻んだトマトを入れて軽く和える。

3 ミックスベビーリーフの上に盛り付ける。

ダブルコリアンダーのクスクスサラ[

(使用ハーブ＝コリアンダー、スペアミント、レモンバーム)

材料【2人分】

【サラダ】	【ドレッシング】
クスクス…100 g	オリーブオイル…大さじ 2 と 1/
湯…1/2 カップ	レモン汁…大さじ 3
オリーブオイル…小さじ 1	白ワインビネガー…大さじ 1
塩…少々	コリアンダーシード…20 粒
コリアンダー（みじん切り）…1/2 束	塩、こしょう…少々
スペアミント（みじん切り）…大さじ 1	
レモンバーム（みじん切り）…大さじ 1	
キュウリ…1 本	
アボカド…1/2 個	
ミニトマト（赤か黄色）…3 個	
パプリカ（赤か黄色）…1/2 個	

作り方

1 ボウルにクスクスを入れ、お湯、オリーブオイル、塩ひとつまみを加え混ぜ5分程置く。

2 キュウリ、アボカド、パプリカ、ミニトマトは 1cm 位の角切りにし、別のボウルに混ぜる。

3 冷めたクスクスに 2 を入れ、スペアミント、コリアンダー、レモンバームを加え混ぜ合わせる。

4 ドレッシングは材料をすべて混ぜ合わせて、3 のサラダの上にかける。

ポテトサラダ With フレッシュハーブ

(使用ハーブ＝イタリアンパセリ、バジル、チャイブ)

材料【4人分】

ジャガイモ…中 3 個	バジル…葉 5 枚ほど
ニンジン…中 1/2 本	チャイブ…5 本ほど
リンゴ…1/4 個	マヨネーズ…適量
キュウリ…1/3 本	こしょう…適量
イタリアンパセリ…5 本ほど	ハーブソルト…適量

作り方

1 ジャガイモは皮を剥き、蒸しやすい大きさに切る。ニンジンはよく洗いできれば皮のまま蒸しやすい大きさに切る。

2 1 を圧力鍋に入れ、気持ち柔らかめに蒸す。圧力鍋を使用しない場合には、お鍋で茹でる。

3 蒸している間に、リンゴ、キュウリを薄切りにして塩水にしばらくつけ、ざるにあげて水気を切っておく。フレッシュハーブ類は、みじん切りにしておく。

4 蒸し上がったら、ジャガイモはボウルに移し、熱いうちにスプーンなどでつぶしておく。ニンジンはいちょう切りにする。

5 4 が冷めたら、3 とフレッシュハーブ類、マヨネーズ、ハーブソルトを加え、混ぜ合わせ、こしょうで調味する。

フレッシュハーブの
ほたてのカルパッチョ
（使用ハーブ＝ディル、イタリアンパセリ）

材料【2人分】

ディル…適量	ハーブソルト…適量
イタリアンパセリ…適量	カイエンペッパー…少々
ハーブビネガー…大さじ1	生食用ホタテの貝柱…大2個
オリーブオイル…大さじ2	グリーンアスパラ…飾りに1本
塩麹…大さじ1弱	赤パプリカ…飾りに少し

作り方

1 飾り用のディルを少量残し、それ以外とイタリアンパセリは
みじん切りにして、ホタテ以外の材料をボウルに入れて、混ぜ
合わせ、マリネ液を作る。

2 ホタテの貝柱は、食べやすい大きさにそぎ切りにする。

3 ボウルに作ったマリネ液にホタテの貝柱を加え、冷蔵庫で30
分ほど置き、味を馴染ませる。

4 ホタテをお皿に盛りつけ、茹でたグリーンアスパラ、ダイス状
にカットした赤パプリカ、ディルを飾りつける。

ゴマサバ薫焼き!!
フレッシュフェンネル爽やかソース♪
（使用ハーブ＝フェンネル）

材料【1人分】

ゴマサバ…半身	【フェンネルソース】
スモークチップ…適量	フェンネルの葉…適量
酒…少々	オレンジネーブル（絞り汁）…1/3個分
塩…適量	オリーブオイル…適量
牛乳…大さじ1	白だし（薄口醤油）…少々
フェンネルの茎…適量	塩、こしょう…少々
バター…適量	

作り方

1 ゴマサバに酒少々を霧吹きでかけ、馴染ませたあと、塩を振り30分〜1時間おく。

2 フライパンにアルミホイルを敷きスモークチップを入れ、その
上に網を敷き、その上に1を置いて、5分ほど燻製にする。

3 2の魚を等分に切り分ける。このとき軽く包丁で切れ目を入れ
ておくとソースの馴染みがよくなる。

4 お好み量のフェンネル、オレンジの絞り汁、オリーブオイルを
入れ、フードプロセッサーにかける。フェンネルの量が多い場
合は、オレンジとオリーブオイルを適宜増やす。

5 4に塩、こしょう、白だしを加えて調味する。

6 3を元の形に戻し（切った身を引っ付ける）アルミホイルの上
に5を塗り、魚焼きグリルで色よく焼く。予め燻製している分、
通常より火の通りが早いので気をつける。

7 皿に5を敷いた上に魚を置き、バターで焼いたフェンネルの茎、
刻んだフェンネルに牛乳を廻し掛けて焼いたものを添える。

ルッコラのリゾット
（使用ハーブ＝ルッコラ）

材料【2人分】
　青ネギ…1本
　オリーブオイル…小さじ2
　白米（カルローズ）…1合
　水…1と1/2カップ
　野菜だし（顆粒コンソメでも可）…3g
　ルッコラの葉…1/2束（35g）
　チーズ…適量

作り方

1　青ネギは太い部分は半月に、他は小口に刻む。

2　ルッコラは2cmに切り揃える。

3　圧力鍋にオリーブオイルを熱し、1の青ネギを炒め、しんなりしたら、白米、水、野菜だしを加え、高圧加熱で1分45秒、その後自然減圧し、ルッコラを加えザックリと混ぜ5分ほど蒸らす。

4　皿に盛り、お好みでチーズを添える。

爽やか後味すっきりな
レモングラスのタイ風炒飯
（使用ハーブ＝レモングラス）

材料【2人分】
　レモングラス（茎の部分をみじん切り）…2本　　ナンプラー…大さじ1と
　ニンニク（みじん切り）…1片　　　　　　　　　タマネギ（くし切り）…
　サラダ油…適量　　　　　　　　　　　　　　　卵…1個
　ツナ缶（オイルを切る）…1缶　　　　　　　　　細ネギ（みじん切り）…
　ウィンナー（輪切り）…2本　　　　　　　　　　ご飯…茶碗2杯分
　塩、黒こしょう…適量

作り方

1　フライパンにサラダ油を熱し、ニンニクを炒める。

2　香りが出てきたら、ウィンナーとツナ缶を入れ、レモングラス、タマネギの順に入れ、タマネギがしんなりするまで炒める。

3　ご飯を入れて、切るようにしながら炒める。

4　といた卵を入れて、全体によくなじませる。

5　塩、こしょうで調味し、ナンプラーをまわし入れる。

6　全体的によく炒めたら、器に盛って細ネギを散らす。

自家製ハーブで本格イタリアン

自分で作ったハーブで本格的なイタリアンに挑戦してみませんか。　パーティーなどで使えるレシピをご紹介します。

きのこのリングイーネ
(使用ハーブ＝イタリアンパセリ)

材料【2人分】
リングイーネ…140g
シメジ…1パック
マッシュルーム…4個
生シイタケ…4個
ニンニク…1片
赤唐辛子…小2本
オリーブオイル…大さじ2
白ワイン…大さじ2
イタリアンパセリ（みじん切り）…少々
塩、こしょう…少々

作り方

1 シメジはいしつきを取って小房に分け、マッシュルームとシイタケはスライスする。

2 ニンニクはみじん切りにし、赤唐辛子は頭の部分を折って中の種を取り除いておく。

3 フライパンにオリーブオイルとニンニクを入れて弱火にかけ、ニンニクの香りが出たらキノコ類を入れて、強火で手早く炒める。

4 全体に火が通ったら赤唐辛子と白ワインを加える。

5 アルデンテに茹でたリングイーネを加え、具をよくからめて塩、こしょうで調味する。

6 器に盛り、イタリアンパセリをかけて赤唐辛子を飾る。

まながつおのリボルノ風
(使用ハーブ＝イタリアンパセリ)

材料【2人分】

まながつお…2切れ	（ソース）
オリーブオイル…大さじ4	トマト…1/2個
赤唐辛子…1本	ミニトマト…2個
ニンニク…1片	白ワイン…大さじ2
小麦粉…適量	ブラックオリーブ…4個
塩、黒こしょう…少々	ケッパー…30粒
	イタリアンパセリ（みじん切り）…少々
	アンチョビ（缶詰）…1切れ

作り方

1 まながつおは、表面に薄く切れ目を入れ、両面に塩、黒こしょうをふって小麦粉をまぶす。

2 フライパンにオリーブオイル大さじ2と赤唐辛子を入れて弱火にかけ、包丁でつぶしたニンニクを加えて香りを出す。

3 まながつおを皮がついている面から焼く。中火で皮をカリッとさせるように焼き色をつける。

4 まながつおに6〜7分火を通したら裏返し、中火のまま3〜4分火を通したら、白ワインを加える。

5 4に角切りにしたトマト、くし切りにしたミニトマトを加える。

6 一口大に切ったアンチョビ、輪切りにしたブラックオリーブ、ケッパー、イタリアンパセリ、オリーブオイル大さじ2を加え、まながつおとソースの材料をからめるように全体を混ぜ合わせ、器に盛る。

いかの詰めものトマトソース煮込み
(使用ハーブ＝イタリアンパセリ、バジル)

材料【2人分】

イカ…1ぱい	(ソース)
タマネギ…1/2個	ホールトマト（缶詰）…1缶
合い挽き肉…150g	顆粒スープの素…小さじ1
	水…1/2カップ
	ニンニク…1片
	オリーブオイル…大さじ1/2
	イタリアンパセリ…少々
	塩…少々
	バジルの葉…1枚

作り方

1 イカは内蔵を潰さないように胴から足をはずし、胴体に指を入れて水でよく洗う。

2 タマネギ、ニンニクをみじん切りにする。

3 ボウルに合い挽き肉、タマネギ、塩を入れ、粘りけが出て全体がまとまるまでよくこねたら、イカの胴の中に詰める。

4 胴がパンパンになるまでしっかり詰めたら、端を合わせてようじでとめる。

5 鍋にホールトマトを手で潰しながら入れ、スープの素と水をあわせて火にかけ、強火で沸騰させる。

6 5にイカを入れて中火にし、ニンニクを加える。イカにソースをかけながら味がしみ込むまで15分ほど弱火で煮込み、仕上げにオリーブオイルを加える。

7 イカは輪切りにして器に盛り、トマトソースを上からかけ、イタリアンパセリを散らしバジルを飾る。

豚肉のソテー　ベジタブルソース
(使用ハーブ＝イタリアンパセリ)

材料【2人分】

豚ロース肉（約100gのもの）…2枚	フォン・ド・ボー（市販品）…大さじ
セロリ…5cm	生クリーム…大さじ4
ニンジン…5cm	バター…大さじ2
ズッキーニ…5cm	レモン汁…少々
タマネギ…1/2個	小麦粉…適量
酢漬けのピーマン（びん詰）…1個分	イタリアンパセリ（みじん切り）…少々
オリーブオイル…大さじ2	塩、黒こしょう…少々
白ワイン…大さじ6	

作り方

1 豚肉の両面に塩、黒こしょうをふり、軽く小麦粉をまぶす。

2 野菜を切りそろえる。ズッキーニは厚く皮をむき、皮つきの部分を千切りにする。セロリは厚く表面をむき、むいた部分を千切りにする。ニンジン、タマネギ、酢漬けのピーマンはすべて千切りにする。

3 ズッキーニ、セロリ、ニンジン、タマネギは、さっと塩ゆでする。

4 フライパンにオリーブオイルを入れ、強火で煙がたつくらいまで熱したら豚肉を入れ、弱火にして両面を焼きます。余分な脂をさっと捨てて白ワインを加え、ひと煮立ちさせたら、フォン・ド・ボーを加える。

5 酢漬けのピーマンと3を加え、混ぜ合わせる。

6 生クリーム、バターを加え、2～3分煮詰めてとろりとさせる。仕上げにレモン汁、イタリアンパセリを加え、塩、黒こしょうで調味し、器に盛る。

鶏肉のソテー　バルサミコ風味
(使用ハーブ＝バジル)

材料【2人分】
鶏もも肉…1枚（約250g）
ジャガイモ…1個
シメジ…1パック
生シイタケ…4個
バルサミコ酢…大さじ1
オリーブオイル…大さじ1
塩、こしょう…少々
バジル…10枚

作り方

1 鶏肉は均等な厚さになるように、観音開きにして半分に切り、塩とこしょうをふる。

2 ジャガイモは皮をむいて5mm厚さの輪切りにし、水にさらしておく。シメジはいしづきをとって小房に分け、シイタケは適当な厚さにスライスする。

3 フライパンにオリーブオイルを入れて火にかけ、鶏肉を皮の方から焼き、ひっくり返して弱火でじっくり火を通す。

4 鶏肉をひっくり返すときにキノコ類とジャガイモを加え、肉と同時に焼き上げる。ジャガイモに火が通って焼き目がついたら器に盛り、その上に鶏肉を置いて、キノコ類をのせる。バルサミコ酢をまわりにかけ、バジルを飾る。

3色ピーマンとなすの肉詰め
(使用ハーブ＝タイム、イタリアンパセリ)

材料【2人分】
赤ピーマン…2個
黄ピーマン…2個
緑ピーマン…2個
ナス（小）…2個

オリーブオイル…大さじ1〜2
タイム…1枝
イタリアンパセリ（みじん切り）…少々
小麦粉…適量

（詰め物）
タマネギ…1個
ハム…100g
合い挽き肉…150g
卵…1個
ナツメグ…少々
塩、こしょう…少々

作り方

1 3色のピーマンはそれぞれヘタのついている方を1cmほど切り落とし、中の種をとり除く。ピーマンの中に小麦粉をふり入れ、内側全体に粉をはたいておく。

2 ナスは縦半分に切り込みを入れ、同様に小麦粉をはたいておく。

3 詰め物の材料をミキサーにかけて、なめらかなペースト状にする。

4 1のピーマンのカップと、2のナスの切り込みに、3を詰めていく。

5 オーブンの天板に4のピーマンとナス、1で切り落としたピーマンのヘタのついている部分を並べて、その上にタイムをのせ、オリーブオイルをまわしかける。

6 200℃に温めておいたオーブンで30〜40分焼く。

7 焼き上がったら器に盛り、イタリアンパセリを散らす。

あると便利な＋αハーブ

これまでに紹介したハーブはとてもポピュラーなものですが、それに加えて育てたいハーブも魅力的なものばかり。ぜひ一緒に育ててみてください。

©june29

アロエ *Aloe*

別名　シンロカイ　　科名　ユリ科 多肉植物

葉のゼラチン質を、やけどなどの民間薬やデザートとして用います。鉢物としても人気があります。よくみかけるキダチアロエと、茎の太いアロエ・ベラがあり、どちらも利用できます。

月	1	2	3	4	5	6	7	8	9	10	11	12
植えつけ			■━━━━━■									
開花期					■━■							
収穫期			■━━━━━━━━━━━━━━━━━━━━━━━■									
ふやし方			■━━■株分け					■━━■株分け				

日照	日当たりのよい場所	利用部分	全草
（鉢）	水はけのよい土	効能・効用	やけど、外傷、湿疹、慢性便秘など
水	ほとんど必要ない		

育て方

植えつけ
多肉植物なので、サボテン用の培養土などを利用するとよいでしょう。過湿は禁物なので、水はけのよさを重視して選ぶようにしましょう。

管理する場所
日当たりと水はけ・風通しのよい場所で管理します。

日常の管理
南国生まれのハーブなので、乾燥には比較的強く、水が多少不足しても枯れることはありません。春から秋までは土の表面が完全に乾いたら、たっぷりと与えるくらいで大丈夫です。
追肥は 4 ～ 10 月の成育期に、10 日に 1 回液肥か、月に 1 回固形肥料を株元に与えます。

真冬の管理
寒さには弱いので、冬は 5℃以上は保つようにして冬越しさせてやります。このため、鉢植えでの管理の方が栽培は楽にできます。

ふやし方
春か秋に、株分けでかんたんにふやすことができます。成育おう盛ですぐに苗ができます。

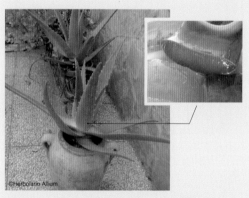
©Herbolario Allium

アロエ・ベラはキダチアロエよりも茎が太く、より利用できるゼラチン質が多いのが特徴。味にくせもなく、食用にするならこちらの方がおすすめです。

©tracie7779

アロエは個性的なオレンジ色の花も楽しめます。なるべく温かく日当たりのよい場所で育てていれば、初夏ごろに咲きます。

アロエジュースの作り方

1　収穫したアロエはおろし金でおろすか、ミキサーにかけてジュースにする。

2　不織布などでろ過し、不要物を取り除く。

3　約 30 分ほど、煮沸する。このとき出るアクはこまめに取り除いてできあがり。

4　冷蔵庫に入れて保存する。

❗アロエジュースの使い方と注意

アロエジュースを飲む場合、大さじ 5 ～ 6 杯に砂糖やハチミツ、水と混ぜると飲みやすくなります。シュウ酸を多く含むので、たくさんの量を飲むとお腹が下ることもあるので注意しましょう。化粧水として使用する場合、薄めてから徐々に肌に慣らしていきましょう。外用薬としては、すりおろしたものをガーゼに浸して患部に当て、ラップでカバーして包帯をしておくと、打ち身やねんざなどの痛みをやわらげてくれます。

イタリアンパセリ
Italian parsley

別名　パセリ・プレーン　　科名　セリ科　二年草

野菜のパセリは葉が縮れていますが、イタリアンパセリは葉が平たいのが特徴。またパセリよりも香りが強いのですがくせがなく、料理の彩りに最適です。室内でもかんたんに育てることができるので、キッチンの近くにちょっと植えておけば、必要なときに摘みたてを利用できて便利です。

月	1	2	3	4	5	6	7	8	9	10	11	12
植えつけ			■―	―	―	―	―	■	■―	―	■		
開花期			■―	―	―	■						
収穫期	■―	―	―	―	―	―	■		■―	―	―	―	―	■	
ふやし方			■―	― 種まき					■―	― 種まき	

日照　日なたまたは半日陰（はんひかげ）　　利用部分　葉

土　水はけのよい土　　効能・効用　健胃など

水　土が乾かないように与える

サーモンのハーブパン粉焼き

シンプルなサーモンのソテーがハーブの風味香るパン粉によって、香ばしいアクセントのある料理に大変身!!とてもかんたんなのでぜひ試してみましょう。

材料

ハーブパン粉(※)…大さじ2　キングサーモン…1切れ
塩・こしょう…各少々　　オリーブオイル…適量
バター…大さじ1〜2
つけ合わせ　セリ、ケッパー、ピンクペッパー…各少々

※ハーブパン粉……ドライのパン粉100gに、フレッシュのイタリアンパセリ、パセリ、タラゴンをそれぞれみじん切りにして混ぜ合わせたもの。ハーブの分量はお好みで。

1　サーモンは厚みの薄い腹の部分を切り、厚みを均等にする。その後、両面に塩・こしょうをふる。

2　フライパンにオリーブオイルを熱し、サーモンを入れ、両面に焼き色がついたら、ふたをして完全に中まで火を通して焼く。

3　オーブントースターの皿に**2**を移しかえ、ハーブパン粉をふりかける。溶かしたバターか、オリーブオイルをその上にひと回しかけ、あらかじめ熱しておいたオーブントースターで約3分焼いて焦げ目をつける。お好みでピンクペッパーなどをのせて皿に盛る。

4　パセリは水気を切って、中温の油でサッと揚げるか、軽くゆでて盛りつけ、ケッパーを添えてできあがり。

育て方

植えつけ

真夏と真冬以外は随時植えつけできます。セリ科のハーブは植え替えには弱いので、あまり大きく育っていない苗を選びます。5号鉢以上の容器に、根鉢を崩さないようにして植えつけます。株元を高くして、水はけがよくなるようにします。

日常の管理

根元に土寄せし、たっぷりと水を与えて、できれば日なたで管理しますが半日陰でも育ちます。
高温と乾燥には弱く、土が乾くと枯れてしまうことがあるので、土が乾く前にたっぷりと水を与えます。

ワンポイント

イタリアンパセリは日陰でも育てることができます。強すぎる日光には弱いので、風通しのよい場所で育てましょう。

収穫

葉が10枚以上になったら、外側の葉から収穫できます。新葉を残しておけば、またふえて収穫できます。若い葉を残しておけば、どんどん生えてきていつでも収穫できます。逆にそのまま放っておくと、蒸れて病気になったり枯れてしまったりするので、適度に茎ごと収穫し、常に風通しをよくすることが大切です。

必要な分だけ若い葉を摘みとります。

ふやし方

種まきの他、株分けしてふやせます。株分けした苗を植えつける場合は、植えつけ後2〜3日は日陰に置きます。

©Ettore Balocchi
オレガノの花
©Starr Environmental

オレガノ *Oregano*

別名　ハナハッカ　　科名　シソ科／多年草

トマトや肉、魚料理、卵料理などの香りづけに多く利用されます。ドライでもフレッシュでも食べられますが、乾燥させた方が香りはよくなります。また、葉のハーブティーには頭痛や歯の痛みをやわらげる作用があるといわれています。

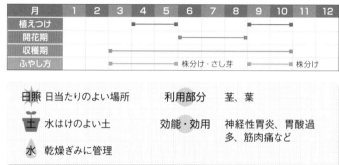

月	1	2	3	4	5	6	7	8	9	10	11	12
植えつけ				●	—	●			●	—	●	
開花期						●	—	—	●			
収穫期			●	—	—	—	—	—	—	●		
ふやし方	●	—	—	—	—	株分け・さし芽 —	—	—	—	●	株分け	

日照	日当たりのよい場所	利用部分	茎、葉
🪴	水はけのよい土	効能・効用	神経性胃炎、胃酸過多、筋肉痛など
水	乾燥ぎみに管理		

オレガノの品種

花はピンクだけでなく、白や紫色のものも。

「ゴールデンオレガノ」
黄緑色の葉がこんもり茂る。もちろん料理にも。

「グリークオレガノ」
オレガノの中でも、特に強い香りの品種。

「ケントビューティー」
大ぶりの花を咲かせ、おもに観賞用として楽しむ。

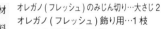

トマトソースのパスタ

材料（2人分）
オレガノ（フレッシュ）のみじん切り…大さじ2
オレガノ（フレッシュ）飾り用…1枝
ローレル（ドライ）…2枚
ホールトマト…1缶(400g)　ニンニク…1片
オリーブオイル、白ワイン、モッツァレラチーズ…各大さじ2
塩、黒こしょう…各少々　スパゲッティ…200g

1　鍋にオリーブオイルを熱し、ニンニクのスライスで香りをつける。

2　トマトを汁ごと加え、つぶしながら煮立て、ローレル、オレガノ、ワインを加え、約10分煮込み、塩こしょうで味を調整する。

3　たっぷりのお湯に塩を加えてスパゲッティを好みの固さにゆでる。

4　2のソースを絡めたスパゲッティにモッツァレラチーズをかけ、オレガノを飾ってできあがり。

育て方

植えつけ
高温多湿に弱いので、地植えの場合は夏に直射日光が当たらない、水はけのよい場所に植えつけます。鉢植えの場合は、水はけのよい土に植えつけ、深さのあるコンテナは鉢底石を多めに入れるとよいでしょう。

水やり
過湿になると株元が蒸れて成長が悪くなることがあるので、乾燥ぎみに管理するのが、上手に育てるコツです。地植えの場合は、水やりの必要がほとんどありません。逆に梅雨の時期や、長雨が続くときに水はけが悪くならないように注意が必要です。鉢植えの場合は、土の表面が完全に乾いたら、鉢底から流れ出るまでたっぷりと与えます。

肥料
オレガノはあまり肥料を必要としません。逆に与えすぎると、香りが弱まってしまうので、肥料は様子を見て控えめに与えるようにしましょう。鉢植えの場合は、1000倍に薄めた液肥を春と秋の成長期に成育の様子をみて与えます。また、植え替えのときに元肥として混ぜてやるとよいでしょう。

収穫
春から秋まで、必要量ずつを収穫しながら育てていきます。開花期のころがもっとも香りが強いので、株元を5cm程度残して刈りとって収穫すると、梅雨以降の蒸れ対策にもなります。

冬越し
寒さには比較的強いので、関東地域以南では、屋外でもそのまま冬越しできます。寒さの厳しい地域では、株元に腐葉土やワラなどを敷いて保温し、霜や凍結を防ぐ必要があります。できれば屋内にとり込んで管理するとよいでしょう。

切り戻し
夏に株元が蒸れないように、梅雨前と夏の間は切り戻しをして風通しをよくするとよいでしょう。

株分け・さし芽
成育がよいので、2～3年に1回は株分けするとよいでしょう。地植えの場合は、茎を半分ほどに切り戻し、掘り上げて、2～3株に分け、枯れた根や傷んだ根、伸びすぎた根などを整理します。できるだけ植えてあった場所とは別の場所を選んで植えるようにしましょう。鉢植えの場合は、春と秋の年2回、根を整理して新しい土で植え替えるのが理想です。オレガノは葉によって香りのばらつきが出るので、香りのよいものを選んでさし芽をしてふやすとよいでしょう。

キャットニップ
Catnip/Italian parsley

別名　イヌハッカ　チクマハッカ　　科名／シソ科／多年草

猫の好きな匂いがすることから、ぬいぐるみなどにつめて猫のおもちゃとして利用されることが多いようです。また乾燥させた葉はハーブティーなどにして飲めば、胃を強くする作用が期待できます。その他にも葉を天ぷらにして食べたりすることもできます。

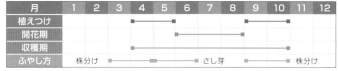

月	1	2	3	4	5	6	7	8	9	10	11	12
植えつけ				■—	—■				■—	—■		
開花期					■—	—	—	—■				
収穫期				■—	—	—	—	—	—■		
ふやし方	株分け —	—■		さし芽 —		株分け	

日照	日当たりのよい場所	利用部分	花、葉、茎
土	水はけのよい土	効能・効用	健胃など
水	土の表面が乾いたら与える		

猫が喜ぶサシェ

サシェとは匂い袋のこと。キャットニップの葉を乾燥させたものを通気性のよい布で包み、口の部分を塗ってかわいいリボンなどをつけたら素敵なおもちゃが作れます。多年草で毎年収穫できるので、その都度新しい葉で作ってあげるとよいでしょう。

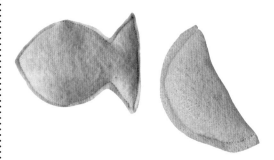

フェルトの布地を好きな形に切って、乾燥キャットニップをガーゼなどの袋に入れ、ミシンで縫い合わせるだけで完成！

育て方

種まき

丈夫で繁殖力が強く、地植えなら種を直接庭にまいて放っておいても育つほどです。

植えつけ

種まきでもかんたんに育てられますが、その場合は花をつけるのが翌年になってしまうので、花も楽しみたいなら苗からの栽培が手軽です。よく肥えた水はけのよい土に元肥を与えて植えつけます。

日常の管理

日当たりと水はけがよければどんどん育ちます。土の表面が乾いたら水を与え、2〜3か月に1回ほど肥料を与えます。

手入れ

基本的にはいつでも収穫できますが、草丈が30cmくらいになったところで主枝の先端を摘芯すると、わき芽を伸ばして横に広がり、大きく育ちます。開花後、夏にはトウ立ちしやすくなるので、伸びすぎた枝は切って整えます。このとき切った葉も利用できます。
春には古い枝をカットしましょう。切り戻した後は緩効性の肥料を与えます。

ワンポイント

その名の通り猫の大好物なので、外で栽培する場合は猫に荒らされないよう、金網や猫よけを置くなどして工夫しましょう。

収穫

つぼみがつき始めたら、枝ごと切り取って収穫しましょう。これを束ね、日陰で吊るして乾燥させて使います。直射日光に当てると香りや色が失われてしまうので注意。

ふやし方

春か秋に株分け、または初夏にさし芽でふやすことができます。

©Henrique Vicente

コリアンダー *Coriander*

別名　シャンツァイ　パクチー　　　科名　セリ科／一年草

「パクチー」や「香菜（シャンツァイ）」という名前でも親しまれているコリアンダー。独特な強い香りは好き嫌いが分かれますが、エスニック料理には欠かせないものです。乾燥させた種子はスパイスとしてカレーやピクルスなどに利用されます。

月	1	2	3	4	5	6	7	8	9	10	11	12
植えつけ			●	●					●	●		
開花期					●		●					
収穫期			●			●			●		●	
ふやし方		●		● 種まき				●		● 種まき		

日照	半日陰	利用部分	若葉、種子
土	水はけのよい土	効能・効用	腹痛、胆石、腎臓障害、強壮など
水	鉢植えのみ土の表面が乾いたら与える		

©pelican

白く清楚な花も素敵。若い茎の先は細く広がっている。

©yoppy

種（コリアンダーシード）もスパイスとして重宝される。

コリアンダーオイルの作り方

コリアンダーの味と香りを長持ちさせるためには、冷凍保存ではなくオイルにしてしまった方が風味が保てます。コリアンダーオイルは、パスタやバケットに少しつけるだけでとてもおいしく食べられます。

1 ニンニクとコリアンダーを粗めにみじん切りにする。

2 密閉できるビンに、オリーブオイルを浸るぐらい入れて2〜3日、冷暗所に置いてできあがり。

育て方

種まき

まっすぐに地中に根をのばす直根性の性質があるので、植え替えを嫌います。種をまくときは、育てたい場所に直接種をまく、直まきで行います。種まきはすじまきまたは、点まきで行い、点まきの場合は、株間20cm程度に、1か所5〜10粒ずつまきます。土はごく薄くかぶせ、発芽まで乾燥させないようにします。

間引き

発芽がそろったら、順次間引きながら育て、20cmに1本程度を目安にします。隣の株の葉と重なり合わない距離にします。他に比べて成育が悪いもの、葉の形が変形しているもの、茎が細いものなどから抜きとるようにしましょう。このとき強く抜きとると、残したい株まで抜けてしまうことがあるので、しっかり根元をおさえて優しく抜くようにしましょう。ポット苗を購入した場合は、根を崩さないように注意して植え穴に入れて植えつけます。

水やり

湿気を嫌うので過湿にならないようにしましょう。地植えの場合は、よほど乾燥が続くことがない限り、水やりの必要はありません。鉢植えの場合は、土の表面が乾いたら、鉢底から流れ出るまでたっぷりと与えます。過湿になると株元が蒸れて病気の原因になります。また、水分が多いとヒョロヒョロと弱々しい株になってしまうので、水の与えすぎには注意しましょう。

肥料

栽培する場所に元肥として、堆肥などを施して十分に耕しておけば、追肥の必要はありません。鉢植えの場合は、1か月に1回程度を目安に1000倍に薄めた液肥で追肥します。チッソ分が多いと弱々しい株になるので、与えすぎには注意します。

冬越し

地面が凍る心配のない地域では、そのまま屋外で冬越しできますが、寒さには比較的弱いので、寒さの厳しい地域では、鉢植えで育て、冬は屋内にとり込むか、霜の降りない暖かい場所に移動して管理しましょう。

収穫

葉や茎は春から秋にかけて収穫できます。料理などに合わせて、そのつど収穫して楽しみましょう。

開花

5〜7月ごろに花が咲きます。花をつけると葉が堅くなるので、葉の収穫を楽しみたい場合は、つぼみが見えたら早めに摘みとるようにしましょう。種を収穫したい場合は、そのまま咲かせ、種を収穫しますが、次々に花を咲かせるので、はじめから種を採ろうとせず、花期の終わりごろの花を残しておいて、種を収穫するとよいでしょう。

ステビア
Stevia

別名　アマハステビア　科名　キク科／多年草

葉や茎に砂糖の約 200 〜 300 倍の甘味があり、その上低カロリーで、ダイエット甘味料として有名です。葉や茎を乾燥させ煮出せば、天然のガムシロップのように利用できます。また葉をそのままハーブティーにしてもよいでしょう。

月	1	2	3	4	5	6	7	8	9	10	11	12
植えつけ			●━━━━━━●									
開花期							●━━━●					
収穫期					●━━━━━━━━━━━━━━━━━━━●							
ふやし方			◀株分け▶			◀さし芽▶			◀株分け▶			

日照　日当たりのよい場所　　利用部分　葉、茎

土　水はけ・水もちのよい土　　効能・効用　ダイエット効果など

水　土の表面が乾いたらたっぷり与える

ステビアシロップの作り方

材料
水 100cc に対してステビアの葉 8 〜 10 枚 (大きめのもの)

1　鍋に、作りたい分量の水とステビアの葉を入れて火にかける。

2　味見をしながら煮詰め、甘味が十分に出てきたら火を止め、茶こしで器に入れて冷ます。後は冷蔵庫で保存し、甘味料として使う。

3　好みで、火を止める少し前にミントやレモンバームなどを入れてフレーバーをつけてもよい。

モロッカミントティー

材料
ミント (フレッシュ)…ティースプーン 1
ステビア (ドライ)…ティースプーン 1
レモングラス (フレッシュ)…ティースプーン 1
せん茶…ティースプーン 1　湯…1 カップ

1　ポットにせん茶、ミント、ステビア、レモングラスを 1:1:1:1 の割合でティースプーン 1 杯入れ、沸騰したての湯を注ぎ、ふたをして 3 〜 5 分蒸らす。

2　茶こしを使ってカップに注いでできあがり。

育て方

植え付け
地植えでは、日当たりと水はけのよい場所を選んで植えつけます。あまり肥料を必要としないので、元肥は特に必要ありません。寒さには弱いので、関東以北は鉢植えにして育てましょう。

摘芯
苗が根づいて成長し始めたら、茎の先端を摘み取り、わき芽を伸ばすと、収穫量をふやすことができます。摘みとった葉はヨーグルトなどに添えて楽しみましょう。

水やり
水はけのよい環境を好むので、過湿にならないようにします。地植えの場合は特に水やりの必要はありません。鉢植えの場合は、土の表面が乾いたら与えるようにしましょう。

肥料
どちらかというと、肥料分の少ないやせた土の方がじょうぶな株が育つので、肥料は控えめに与えます。成育状態を見て悪いようなら 1000 倍に薄めた液肥などで追肥しましょう。

切り戻し
初夏から秋までの成長期には、収穫を兼ねて切り戻ししましょう。茎を半分ほどの長さに、次の葉の上で切ると、葉のつけ根から新しい芽が伸びて、こんもりとした株に育ちます。また混み合う部分を間引くようにしましょう。

収穫
7 〜 8 月に花が咲きます。花が咲くと葉が堅くなり、収穫量も減ってしまうので花芽はすぐに摘みとるようにしましょう。

冬越し
寒さにはやや弱い性質がありますが、関東南部より暖かい地域であれば、地植えでもそのまま冬越しできます。寒さで地上部が枯れますが、根は生きているので、水やりは続けます。こうすることで、春にまた芽吹きます。春先に枯れた茎葉はとり除くようにしましょう。寒さが厳しい地域では、地植えにしたものは、晩秋に鉢上げします。屋内にとり込み、日当たりのよい場所で管理しましょう。暖かい日の昼間は外に出すとよいでしょう。鉢上げできない場合は、腐葉土やワラで株元を覆い、霜や雪が直接当たらないようにします。

株分け・さし芽
種を採取して、新しい株を育てることもできますが、株分けやさし芽でふやす方がかんたんにふやせます。株分けは春か秋に行います。株分けするときは、古い根を整理して、傷んだ部分をとり除くとよいでしょう。さし芽は、春に株元から伸びてきた新芽を 7cm ほどの長さに切ってさし穂にします。

©net_efekt

ナスタチウム *Nasturtium*

別名　キンレンカ　ノウゼンハレン　　　科名　ノウゼンハレン科／一年草

ハーブの中でも特にきれいな花を咲かせるもののひとつで、その花、葉、実すべて食べられます。ワサビに似たピリッとした辛みがあり、サンドイッチなどの具に、さらに葉はクレソンの代わりに利用されることもあるようです。

月	1	2	3	4	5	6	7	8	9	10	11	12
植えつけ				■━━━━━━■								
開花期					■━━━━━■			■━━━━━■				
収穫期					■━━━━━■			■━━━━━━■				
ふやし方				種まき・さし芽				種まき・さし芽				

日照　日当たりのよい場所　　利用部分　葉、花
　　　夏は半日陰

　　　水はけのよい土　　　　効能・効用　抗菌など

水　　土が乾いたら控えめに与える

ナスタチウムの品種

淡いオレンジ色の品種。

クリーム色に朱色の斑が入る品種。

色違いでいろいろ植えつけても素敵。

育て方

植えつけ
とても丈夫なハーブなので、ほとんど手間はかかりません。肥料はほとんど必要なく、水も控えめにした方がよく育ちます。種が大きく発芽もしやすいのですが、春からさまざまな品種の苗が出回るので、はじめての方は苗からの栽培がおすすめです。水はけのよい土に、根を傷めないよう注意して植えつけます。

種から育てる場合
種から育てる場合は発芽率を高めるために、一晩水を吸わせてから、ポットに5～6粒まいて土をかけ、発芽するまでは水を切らさないようにします。

日常の管理
春に植えつけたら、その後は日なたで育てますが、強い直射日光を嫌うので、夏は半日陰に移すとよいでしょう。

手入れ
蒸れに弱いので、梅雨時には伸び過ぎた枝を半分ほどに切り戻し、風通しをよくします。また、夏後に3分の2ほどに切り戻してお礼肥を与えると、秋にまた若い枝が出てよく茂り、初冬まで花が咲きます。

収穫
葉はいつでも収穫できますが、花は咲き始めたころが収穫適期です。なお、地植えの場合は最後まで花を残しておけば、種ができてこぼれ種からもふえます。

冬越し
寒さにはあまり強くないので、屋外の場合は株元をわらなどで覆って保温するとよいでしょう。なお、霜には極力当たらないように注意します。できるだけ温かい窓辺などで管理すれば、冬を越すこともできます。

ふやし方
種まきとさし芽でかんたんにふやすことができます。適期は春または秋になります。

エディブルフラワー

©Sancho Papa

ナスタチウムは花・葉ともサラダに利用できます。ピリッとした辛みと豊かな風味で彩りのサラダを楽しみましょう。

©Bogdan1000

バラ Rose

別名　ローズ　チョウシュンカ　　　科名　バラ科

観賞用として名高いローズですが、昔から香水の原料にされたり、ポプリ、ハーブバス、ハーブティーなどとハーブとして利用されることもたくさんあります。また花後にできるローズヒップもジャムにしたりと利用法はたくさん。ハーブには原種のものやオールドローズが向きます。

月	1	2	3	4	5	6	7	8	9	10	11	12
植えつけ				■——————————■								
開花期					■——■				■——————■			
収穫期					■——■				■——————■			
ふやし方						種まき・さし芽			種まき・さし芽			

日照	日当たりのよい場所	利用部分	花、果実
土	水はけのよい土	効能・効用	鎮静、収れん、下痢止め、貧血、リラックス効果など
水	毎日たっぷりと与える		

ハーブとしておすすめのバラ

■原種のローズ
野山に自生しているバラです。ドッグローズ（ロサ・カニーナ）、ロサ・ガリカ、日本のハマナス（ロサ・ルゴサ）、ノイバラ（ロサ・ムルティフローラ）など。写真は白ハマナス。

■オールドローズ
1867年より前に作出されたローズ。香料用に古くから栽培されているダマスク・ローズを元に育成されてきた品種や、ロサ・ガリカを元にしたものなど。写真はシャルル・ドゥ・ミル。

バラの実は美容によいハーブとして人気のローズヒップです。ドッグローズとよばれるものの実を使うのが一般的です。

育て方

苗木の購入

バラは種から育てるのはかなり難しく、一般家庭ではおすすめできません。園芸店などに出回る苗木を購入して栽培する方が比較的かんたんでおすすめです。

植えつけ

日当たりと風通しがよく、リン酸分が多く、よく肥えた水はけのよい土で育てます。粘土質の土に腐葉土、堆肥、鶏糞をすき込んだものを使用します。油かすはチッ素分が多く、アブラムシの被害に合いやすくなるほか、うどん粉病にもなりやすくなることがあるので、油かすを使用する場合は、他の化成肥料を混ぜて成分を調整してから使用するとよいでしょう。植えつけるときは、根元をやや高めにして植えつけ、ワラなどでマルチングします。暖かい地方では、11～12月、寒い地方では、2～3月に行います。

肥料

成育に従い、2月ごろ、5月ごろ、8～9月の開花後と年に3回ほど、根元に化成肥料や有機質肥料を与えます。

剪定

1～2月には剪定しますが、一季咲きの品種はその年伸びた枝の半分くらいを残して剪定し、強い剪定は行いません。逆に四季咲きの品種は、太い枝のみを数本残して、強い剪定をします。

剪定のコツ

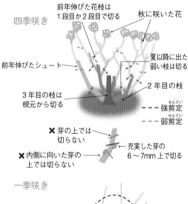

四季咲き
前年伸びた花枝は1段目か2段目で切る
秋に咲いた花
前年伸びたシュート
夏以降に出た弱い枝は切る
3年目の枝は根元から切る
2年目の枝
- - - 強剪定
- - - 弱剪定
✕ 芽の上では切らない
充実した芽の6～7mm上で切る
✕ 内側に向いた芽の上では切らない

一季咲き

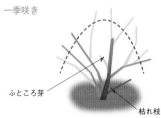

ふところ芽
枯れ枝

開花・収穫

四季咲きは初夏と秋、一季咲きは初夏に花が咲くものが一般的です。花後は早めに、花が咲いた枝から下に2～3枚葉を残して切りますが、ローズヒップを収穫するときはそのままにします。

©Starr Environmental

フェンネル *Fennel*

別名　ウイキョウ　　科名　セリ科／多年草

フェンネルの葉や花は、ライムの香りと風味をつけることから、魚のにおい消しとして、料理に多用されます。またピクルスやビネガー、サラダとしても食べることができます。さらに茎と種子はハーブティーやスパイスとしても利用されます。

月	1	2	3	4	5	6	7	8	9	10	11	12
植えつけ			▪━━▪						▪━━▪			
開花期					▪━▪							
収穫期			▪━━━━━━━━━━━━━━━▪									
ふやし方			種まき						種まき・株分け			

日照	日当たりのよい場所	利用部分	全草
土	水はけがよく肥えた土	効能・効用	催乳、強壮、食欲増進、健胃
水	土が表面が乾いたら与える		

フェンネルの種類

フェンネルには一般的なスイートフェンネル、株元が肥大するフローレンスフェンネル、葉が銅色のブロンズフェンネルなどの品種がありますが、育て方はだいたい同じです。

フローレンスフェンネルの株元はこのようにかなり大きく肥大する。この部分はタマネギのように調理して食べてもおいしい。

©Deanster1983 many thanks for the 800,000 + views

茎葉が青銅色になるブロンズフェンネル。こちらもスイートフェンネルと同じように料理に利用できる。

©Girl Interrupted Eating

種(フェンネルシード)にも甘い香りとほろ苦さがあり、スパイスとしてさまざまな料理に利用できる。

育て方

種まき

種から育てる場合は、植え替えるときに根を傷めると枯れやすいので、育てたい場所に直接種をまいて育てます。大きく育つので、50cm間隔で、1か所数粒ずつ種をまき、薄く土をかぶせ、たっぷりと水を与えて発芽までは乾燥させないようにします。発芽したら成育のよいものを残して間引き、1か所1本にします。

植えつけ

市販の苗から育てる場合、またポットに種をまいて育苗した場合は、根がポットいっぱいに張ってしまう前に、育てたい場所やコンテナに植えつけます。根を傷めないよう注意しましょう。

水やり

鉢植えなら、土の表面が乾いたらたっぷりと与えます。地植えの場合は乾燥が続かない限りは特に水を与える必要はありません。

肥料

肥料分の多い土を好むので、植えつけ時には堆肥や緩効性肥料を多めに与えておきます。その後、成育が悪いようなら速効性の液肥などを与えて様子を見ます。春になったら、前年の古い茎はとりのぞき、株の周囲に堆肥を与えるとよいでしょう。鉢植えなら手軽な固形肥料がおすすめです。

収穫

大きく育ったら、必要に応じて葉を収穫します。茎ごとハサミで切り取るようにしましょう。

開花

夏に咲く黄色い花はサラダなどにも利用できます。つぼみが開きかけたころ、ハサミで花茎を切って収穫します。

種の採取

花は一部残して種も採取しましょう。種が熟して茶褐色がかってきたら、紙袋をかぶせて種がこぼれ落ちないようにし、花がらごと摘み取って採取します。

©Starr Environmental

冬越し

寒さには比較的強いのですが、冬になると地上部が枯れるので、そのまま冬越しさせ、株元を覆って保温します。春になったら前年の茎をとり除いて整理し、春から伸びる新芽を育てます。

マリーゴールド
Marigold

別名 キンセンカ カレンデュラ　　科名 キク科／一年草

開花期間がとても長いので、園芸用として利用されることも多いようです。花はハーブティーして飲め、葉は天ぷらなどにして食べることができます。またネコブセンチュウなどの駆虫効果があることから野菜などと一緒にコンパニオンプランツとして植えられます。

月	1	2	3	4	5	6	7	8	9	10	11	12
植えつけ	●			●								
開花期	●					●						●
収穫期	●					●						●
ふやし方									●		種まき	

日照　日当たりのよい場所　　利用部分　花、葉

　　　水はけのよい土　　効能・効用　流感、発汗

水　鉢植えのみ土の表面が乾いたらたっぷり

マリーゴールドの種類

ポットマリーゴールド(上の写真)はキンセンカの名でも知られていますが、他にも多くの品種があります。

■アフリカンマリーゴールド「ホワイトバニラ」
フレンチ種。名前に反してメキシコ原産。大輪でボリュームのある珍しい白花。

■スプレーマリーゴールド
やや小花で、一重咲きの花をたくさん咲かせる品種。

■フレンチマリーゴールド「リトルハーモニー」
花弁をたくさんつけるフレンチ種の中でも、赤とオレンジのコントラストが美しいタイプの品種。

■レモンマリーゴールド
レモンイエローのかわいらしい小ぶりな花をたくさん咲かせる品種。

育て方

種まき

ポットマリーゴールドは酸性の土を嫌うので、地植えの場合は苦土石灰をまいて中和してから作業します。種まきの場合は基本的に直まきにします。日当たりと水はけがよい場所に堆肥や腐葉土などを与えて肥えさせ、平らにならしてバラまきにし、薄く土をかぶせてたっぷりと水を与えます。発芽したら、葉が重なり合わないような距離に間引きながら、株間30cmほどにします。

植えつけ

苗から育てる場合は、根鉢を崩さないようにして植えつけます。この場合も水はけのよい土に堆肥や腐葉土などを十分に入れるか、緩効性肥料を元肥として与えて植えつけます。

日常の管理

基本的に地植えの場合は元肥を十分に与えていれば、その後はそれほど必要としません。鉢植えの場合は、成育が悪いようなら液肥などで追肥するとよいでしょう。
水やりに関しては、植えつけ後は、土の表面が乾いたらたっぷりと水を与えます。特に鉢植えの場合は冬場でも以外と乾燥するので、水やりは忘れないように管理しましょう。

開花

花つき苗が植えつけ後に根づいたら、一度茎の先端を摘みとり、わき芽を伸ばして枝数をふやしておきます。こうすると、春になったときに次々とたくさんの花を咲かせます。咲いた花は、収穫を兼ねて早めに摘みとるようにすると、開花期間が長くなります。

夏越し

マリーゴールドは春に種をまいて育てることもできます。その場合は、夏の高温期に乾燥させないように十分に注意しましょう。株元をワラなどで覆って保湿し、土の温度が上がりすぎるのを防ぎましょう。

種の採取

花期の終わりごろになったら、花がらを摘まずにそのまま残して結実させます。この後地上部が枯れてきたら収穫し、十分に乾燥させて種を採取します。採取した種はまた秋にまいて育てることができます。

 フレンチマリーゴールドと、ポットマリーゴールド(キンセンカ)はどちらも、地中に潜むネコブセンチュウという害虫を駆除する働きがあります。他の植物の近くに植えると、彩りもふえてよいでしょう。

┃マロウ *Mallow*

別名　ウスベニアオイ　　　科名　アオイ科／多年草

マシュマロウというマロウの粉末を利用して作られたお菓子の「マシュマロ」はとても有名です。その他、花をハーブティーにして美しい色の変化を楽しんだり、サラダにしたりと利用価値の高いハーブです。またハーブティーは化粧水としても利用できるようです。

月	1	2	3	4	5	6	7	8	9	10	11	12
植えつけ				■―――――――			■――――■					
開花期					――――――――――――――							
収穫期					――――――――――――――							
ふやし方				種まき・株分け・さし木			種まき					

日照	日当たりのよい場所	利用部分	葉、花、根	
土	水はけがよく肥えた土	効能・効用	アレルギー、気管支炎、皮膚柔軟化、のどの痛みなど	
水	土が表面が乾いたらたっぷり与える			

マロウのハーブティー

ちょっとした酸味がおいしいマロウのハーブティーはきれいなブルーをしています。ここにレモン汁を加えると淡いピンクに大変身‼ 見た目も味も楽しめるハーブティーです。

※ハーブティーの上手ないれ方は、P.58をご覧下さい。

1

ティースプーン1杯分、レモン汁を足す。

2

徐々にピンク色に変わってくる。

3
濃いブルーだったティーが淡いピンクに大変身！

マシュマロの原料として使われることもあるマーシュマロウ。

育て方

植えつけ

植え替えのときに根を傷めがちなので、なるべく根をいじらないように植えつけます。
水はけのよい土に堆肥や緩効性肥料を十分に与えて植えつけます。
種まきで育てる場合は、株間1mと広めにし、1か所数粒ずつ点まきし、発芽したら成育のよいものを残して間引いていきます。

日常の管理

植えつけた苗が根づいて新芽が伸びてきたら、茎の先端を摘み取りわき芽を伸ばすようにします。
鉢植えなら土の表面が乾いたらたっぷりと水を与えますが、地植えの場合はよほど乾燥が続いたとき以外は水やりはしなくても大丈夫です。

肥料

植えつけ時に肥料を十分に与えれば、その後は特に追肥はしませんが、成育が悪いようなら液肥など速効性の肥料で追肥します。春になったら、株の周囲に固形肥料を与えて軽くすき込みます。

支柱立て

草丈が高くなるので、強風で倒れたりする被害を避けるため、支柱を立てて支えるとよいでしょう。株元から少し離れた位置に長さ1mほどの支柱をしっかりと差し込み、茎を支柱との間に少し余裕を持たせてひもで縛ります。

開花

花は1日しか咲かないので、朝花が開いたら摘み取ります。花はフレッシュのままサラダに利用したり、乾燥させて保存しましょう。若葉も摘み取って利用できます。

写真のように、開花したものは次々としぼんでしまいます。利用しない場合は花がらをこまめに摘むとよいでしょう。花茎の花が咲き終わったら、その茎の根元で切り戻します。

ふやし方

株が古くなると、花が小さくなり数も少なくなってきます。その場合は、株分けやさし木で株を更新して新しい株にすると、再び花をよく咲かせるようになります。

ルッコラ *Rocket Salad*

別名　ロケット　　　科名　アブラナ科／一年草

葉にはゴマの風味とクレソンに似た辛みが人気で最近ではサラダとしてよく登場します。イタリアや地中海地方の調理にはよく利用され親しまれている人気野菜です。カルシウムも豊富で栄養価も高く、さまざまな効能も期待できます。

月	1	2	3	4	5	6	7	8	9	10	11	12
植えつけ				━	━				━	━	━	
開花期						━	━	━				
収穫期					━	━	━			━	━	
ふやし方				━	━					━	━	

🌱 日照　日当たりのよい場所

🪴 土　水はけと水もちのよい土

💧 水　土の表面が乾いたら与える

利用部分　葉、根出葉（根の際から出ている葉）

効能・効用　解毒、消化促進、血行促進、強壮など

とれたてをサラダに

ルッコラといろいろなハーブを合わせてとれたてを味わいましょう

材料

ルッコラ (フレッシュ)…適量
コーンサラダ (フレッシュ)…適量
チャイブ (フレッシュ)…適量
エンダイブ…適量
マスタードグリーン (フレッシュ)…適量
グリーンアスパラ…適量
クルトン
・フランスパンの薄切り…3 枚
・オリーブオイル…大さじ 2
・ニンニク…1/2 片

1　ルッコラと他のハーブは洗って水けを切る。

2　フランスパンは小口に切り、ニンニクはみじん切りにする。

3　フライパンにオリーブオイルを熱し、みじん切りにしたニンニクを入れる。香りが出たらフランスパンを加え、両面に薄く焼き色がつくまで炒め、クルトンをつくる。

4　器にハーブを盛りつけ、好みのドレッシングをかけ、クルトンを散らしてできあがり。

育て方

苗選び

葉が大きく、色のよいものを選びます。容器は 5 号以上の素焼き鉢がおすすめ。

植えつけ

水はけをよくするために、株元がやや高くなるように植えつけます。鉢底から流れ出るくらいたっぷりと水を与え、2 〜 3 日間は日陰に置いて管理します。

水やり・追肥

土が乾く前に水やりをします。新芽にはアブラムシがつきやすいので、水やりのときに葉裏をよく観察するようにし、見つけたらすぐ捕殺しましょう。真夏と真冬を避け、2 週間に 1 回、薄い液肥で追肥します。

収穫

草丈が 10cm 以上になったら収穫できます。やわらかくて色のよい葉を随時切りとります。

開花

春植えの場合、6 〜 8 月ごろに花茎が伸びて、白い花が咲きます。

トウ（花茎）摘み

花が咲くと葉が固くなって収穫量も減ってしまうので、葉だけを利用する場合は早めに花茎を摘みとるようにしましょう。花を利用する場合は、咲きはじめに葉はすべて収穫してしまいましょう。花後はすべて枯れてしまいます。

育てる場所で味が変わる！？

半日陰の弱い光で育てると、黄緑色のやわらかい葉が育ちますが、よく日に当てて育てると葉が緑色になり、味も濃く辛みもきつくなります。好みに合わせて置き場所を選んで育ててみましょう。いずれの場合も夏は直射日光を避け、半日陰の涼しい場所に置くとよく育ちます。

©graibeard

レモングラス *Lemon grass*

別名　レモンガヤ　フェバーグラス　　　科名　イネ科／多年草

雑草のように見えるレモングラスですが、香りはとてもさっぱりしたレモンのよう。熱帯アジアに自生しているハーブで、カレーはもちろん、エスニック料理やタイ料理などには欠かせないハーブとして世界中で親しまれています。また、ポプリや染色、クラフトの材料としても利用できます。

月	1	2	3	4	5	6	7	8	9	10	11	12
植えつけ				●——————●								
開花期					日本ではあまり開花しない							
収穫期												
ふやし方			←——株分け				←——————株分け					

日照	日当たりのよい場所	利用部分	葉
土	水はけのよい土	効能・効用	消化促進、消臭など
水	鉢植えのみ土の表面が乾いたら与える		

レモンフレーバーティー

材料（1人分）
レモンバーベナ（フレッシュ）…ティースプーン1
レモングラス（フレッシュ）…ティースプーン1
レモンバーム（フレッシュ）…ティースプーン1
湯…1カップ

1 ポットにレモンバーベナ、レモングラス、レモンバームを1：1：1の割合で、ティースプーン1杯ずつを入れ、沸騰したての湯を静かに注ぐ、ふたをして3分蒸らす。

2 茶こしを使ってカップに注ぐ。飾りにレモンバームを添えてできあがり。

育て方

植えつけ

日本では花が咲いても、種ができることはほとんどないので、園芸店などに出回る苗を購入して育てます。春、十分に暖かくなってから植えつけますが、根が地中深くまで伸びるので、鉢植えの場合は深いものを用意しましょう。日当たりがよい場所で、水はけと水もちのよい土に、元肥をしっかり与えて植えつけ、たっぷりと水を与えます。草丈が高くなるので、鉢植えなら6号以上の大きめのものを選ぶようにします。地植えの場合は株間60cmほどにします。

水やり

植えつけ後は地植えの場合はそれほど手間はかかりませんが、特に鉢植えの場合は乾燥させないよう、土の表面が乾いたら与えます。また、株元をワラなどで覆って乾燥を防ぐとよいでしょう。

肥料

初夏から夏にかけての成長期には、月に1回は肥料を与え、肥料分が切れないようにします。鉢植えの場合は定期的に液肥で追肥します。

収穫

本葉が15枚以上の株に育ったら収穫します。株元近くを少し残して切り取ります。なお、レモングラスは多年草なのでまた生えてきます。

冬越し

寒さに弱いので、寒さの厳しい地域では、秋に株を掘り上げて鉢に植えつけ、室内の日当たりのよい場所で管理します。掘り上げるときには、1株をできるだけ大きくし、茎葉は株元から3分の一程度を残して切ります。地植えの場合は春に固形肥料などで追肥するとよいでしょう。

植え替えと株分け

2〜3年に1回は植え替えをします。鉢からとり出し、古い根や枯れた根をとり除き、株分けして、それぞれ新しい用土で植えつけます。

ローレル *Laurel*

別名　ゲッケイジュ　ローリエ　ベイ　　　　科名　クスノキ科／常緑高木

日本でもカレーやシチューなどの味をグンと引き立てるハーブとして有名なローリエ。月桂樹とも呼ばれています。乾燥させた方が甘い香りが強くなるので、家庭で利用する場合も乾燥させ保存しましょう。海外では勝利の冠としてリースなどに利用されます。

月	1	2	3	4	5	6	7	8	9	10	11	12
植えつけ				■━━━━━━■								
開花期					■━━■							
収穫期	━━━━━━━━━━━━━━━━━━━━━━━━━━━━━━━━━━━━											
ふやし方				■━━━━━━━━■ さし木・種まき							

☀ 日照	日当たりのよい場所	利用部分	葉
🪴	水はけのよい土	効能・効用	リュウマチ、腹痛、健胃、疲労回復、精神安定など
💧	土の表面が乾いたら与える		

ボンゴレロッソ

花後にできる実も月桂実として利用できる。
©Gonmi

材料

ローレル（ドライ）…1枚
パセリ（フレッシュ）のみじん切り
…大さじ1
あさり（殻付き）…20個
ニンニク…1/2片
トマトソース（市販のもの）
…1カップ
白ワイン…1/4カップ
オリーブオイル…大さじ3
塩・こしょう…各少々

1　あさりは海水程度の塩水（水1カップに対して塩小さじ1の割合）につけ、冷暗所に5〜6時間おいて砂を吐かせる。

2　あさりを鍋に入れ、白ワインと水を加えて蒸し煮にする。

3　オリーブオイルを熱したフライパンにみじん切りにしたニンニク、ローレル、半量のパセリを入れて弱火で炒めたら、トマトソースと2の煮汁の半量を加え、塩・こしょうで味を整える。

4　あさりを加えてサッと混ぜる。アルデンテに茹でてザルに上げ、水けをきったスパゲッティを入れてあえ、仕上げに残りのパセリをふり入れて、できあがり。

育て方

植えつけ

日当たりと水はけのよい、肥料分の豊富な場所や土を好みます。また、温暖な気候を好むので、なるべく暖かい場所を選びます。植え穴を大きく掘り、堆肥や有機質肥料を与えて土と混ぜ、掘り上げた土を埋め戻します。肥料分が根に直接触れないようにしましょう。植えつけ後はたっぷりと水を与えておきます。樹木なので、コンテナに植えつける場合はできるだけ大きい容器を選びましょう。

支柱立て

しっかりと根づくまでは強い風に注意します。植えつけ後には、短めの支柱で支えておくようにします。支柱を斜めに差し込み、苗木の茎を締めつけすぎないようにひもで縛って固定します。

水やり

鉢植えの場合は、土の表面が乾いたらたっぷりと水を与えます。地植えの場合は特に必要ありませんが、株元をワラなどで覆って保湿するとよいでしょう。また、乾燥した日が長く続くようなら様子を見て水を与えます。

日常の管理

1月と9月ごろに追肥し、鉢植えの場合は2年に1回を目安にひと回り大きい鉢に植え替えるとよいでしょう。

切り戻し

春になり新芽が出始める前に、剪定の作業を行いましょう。枝が重なり合うようなところ、枝が並行して同じ方向に育っているようなところは、一方をつけ根からとり除きます。また、枯れた枝や古い枝もつけ根からとり除きます。混み合ったところは枝をすくようにして、風通しをよくしてやりましょう。春先には、株の周囲に堆肥とゆっくり効果が現れる肥料を与えます。

収穫

しっかりとした株に育って葉がたくさん茂ったら、必要に応じていつでも摘みとって収穫できます。たくさんの葉を収穫したら、束ねて陰干しし、ドライにして保存します。

古くから神聖なものとされたローレルの歴史

もともとの意味は「賞賛」「賛美」という意味。古代ギリシャ・ローマ時代から神聖な樹木とされ、葉のついた若い枝を編んだ月桂冠は勝利と栄光のシンボルとされました。また、葉を一度にたくさん食べると恍惚状態になるため、巫女たちはそれを利用して神の予言を伝えたといわれています。

その他の魅力的なハーブ

アーティチョーク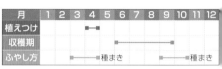

フランスでは野菜としてもポピュラーな存在のハーブで、開花する前に摘みとったがくをゆでて、ソースなどで味つけして食べます。また、ドライフラワーなどにしても楽しめます。

別名　チョウセンアザミ
科名　キク科／多年草
開花期　6〜9月

日照　日当たりのよい場所
土　水はけのよい土
水　土の表面が乾いたら与える
利用部分　全草
効能・効用　強壮、便秘、消化促進

月	1	2	3	4	5	6	7	8	9	10	11	12
植えつけ				■—■								
収穫期							■———————■					
ふやし方			■—種まき					■—種まき				

9月ごろに種をまき、ポリポットなどで苗を作っておきます。その後翌年の4月ごろ、元肥(もとごえ)を与えて植えつけます。株は直径1mほどにも成長するので、株間は1mほど必要です。その際、土を深めに耕して元肥をしっかり入れ、5月ぐらいには追肥(ついひ)を与えます。つぼみが直径12〜15cmになったら収穫できます。収穫後は秋にまた追肥をし、翌年の収穫にもそなえるとよいでしょう。

アルカネット

ワスレナグサを少し大きくしたような花を咲かせます。根を染料にすることもできますが、かわいい小花をケーキにしたり、砂糖漬けにしてケーキに添えて香りを楽しむのが一般的です。

別名　ダイヤーズビューグロス
　　　アルカンナ
科名　ムラサキ科／多年草
開花期　5〜7月

日照　日当たりのよい場所
土　水はけがよくやや湿り気のある土
水　土の表面が乾いたら与える　夏の乾燥に注意
利用部分　花、根
効能・効用　浄血、去痰など

月	1	2	3	4	5	6	7	8	9	10	11	12
植えつけ		■——————————————————————■										
収穫期												
ふやし方			■——さし木・種まき——————————■									

丈夫な上に発芽しやすい性質で、春か秋に種をまいて育てられます。水はけがよく、やや湿り気のある酸性ぎみの土に植えつけ、日当たりのよい場所で育てます。夏の暑さにも強いのですが、極端に乾燥させると花つきが悪くなり、枯れやすくなるので注意。ふだんは土の表面が乾いたら水を与えます。こまめに花がらを摘めば次から次へと花をつけます。春と秋には株分けでふやせます。

アンゼリカ

ドライフラワーの他、茎を薄切りにして砂糖漬けにしたものを、ケーキのデコレーションとして使うことが多いようです。また、葉はミントと合わせてサラダにすることもできます。

別名　ヨロイグサ
　　　セイヨウトウキ
科名　セリ科／二年草
開花期　6〜7月

日照　半日陰(はんひかげ)
土　湿り気のある肥えた土
水　土の表面が乾いたらたっぷり与える
利用部分　全草
効能・効用　気管支炎、風邪、浄血、滋養強壮など

月	1	2	3	4	5	6	7	8	9	10	11	12
植えつけ									■———■			
収穫期								■				
ふやし方				■—株分け					■—株分け			
										■—種まき		

どちらかといえば半日陰(はんひかげ)を好む性質があります。直根性で根が地中にまっすぐに伸びるので、植え替えを嫌います。できれば種から直まきにして育てましょう。このとき、株間(株と株の間)は80〜100cmと広めにあけるようにします。土の表面が乾いたら水を与え、できるだけ切らさないように管理します。種をとった後に枯れますが、花がら摘みをこまめにすれば長もちします。

©lowjumpingfrog

ウッドラフ
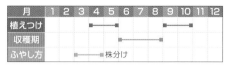
sweet wood ruff

乾燥させた葉は甘い香りで、かつてはマットレスの詰め物にされました。料理は、生葉・乾燥葉ともにティーにしたり、お酒などの香りづけにも利用されます。ハーブピローにも向きます。

別名　クルマバソウ
科名　アカネ科／多年草
開花期　6〜8月

日照	半日陰
土	水はけのよい土
水	鉢植えのみ土の表面が乾いたら与える
利用部分	葉
効能・効用	利尿・健胃・偏頭痛・切り傷

月	1	2	3	4	5	6	7	8	9	10	11	12
植えつけ				■	―	―			■			
収穫期					―	―	―	―				
ふやし方			■	― 株分け								

種から育てるのは難しいので、苗を購入して育てるのが一般的です。直射日光と高温多湿を嫌うので、庭木などの下草として木陰に植え込むとよいでしょう。寒さに強く、肥料をよく吸収するので、ごく少量の元肥だけで十分に育ちます。むしろ繁殖力がおう盛でどんどんふえて広がるので、雑草化しないように注意して育てましょう。越冬した株を、春に株分けしてふやせます。

エルダー

elder

花と木の部分にはムスク（ジャコウ）の香りがあり、古くから民間薬として利用されてきたハーブです。乾燥させた花をハーブティーにして、風邪や感染症の民間薬としても利用できます。

別名　セイヨウニワトコ
科名　スイカズラ科／落葉低木、多年草
開花期　5〜6月

日照	日当たりのよい場所
土	水はけ・水もちのよい土
水	土の表面が乾いたらたっぷり
利用部分	花、実
効能・効用	風邪、利尿、発汗、去痰、抗炎症など

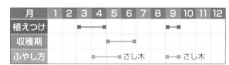

月	1	2	3	4	5	6	7	8	9	10	11	12
植えつけ			■	―	■				■	―	■	
収穫期					■	―	―					
ふやし方			■	― さし木				■	― さし木			

春か秋に、水はけと水もちのよい肥えた土に植えつけます。地植えなら苦土石灰で土の酸性を中和し、腐葉土や堆肥をよく混ぜて植えつけます。乾燥には弱いので、土の表面が乾いたらたっぷりと水を与えますが、過湿にも弱いので水浸しにならないよう注意しましょう。肥料は元肥以外はそれほど必要としませんが、鉢植えなら成育をみて液肥で追肥します。大きくなるので、1〜2年に1回大きい鉢に植え替えるようにします。さし木でふやせます。

©Melanie Shaw Medical Herbalist

エレキャンペーン
yellow starwort

根を乾燥させてお菓子に利用したり、ワインなどに漬けてハーブ酒にもできます。また、乾燥させた根は利尿剤に、浸出液をニキビの治療に使ったりもします。

別名　オオグルマ
科名　キク科／多年草
開花期　7〜9月

日照	日当たりのよい場所
土	やや湿り気のある肥えた土
水	土の表面が乾いたらたっぷり与える
利用部分	根
効能・効用	利尿・強壮・呼吸器障害

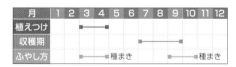

月	1	2	3	4	5	6	7	8	9	10	11	12
植えつけ			■	―	―							
収穫期									■	―	―	
ふやし方			■	― 種まき					■	― 種まき		

やや湿り気があり、若干肥えた土に植えつけて日当たりのよい場所で育てます。種からでもかんたんに育てられ、ポットなどで1年ほど育ててから植え替えて育てると、丈夫でよく育ちます。月に1〜2回は有機肥料で追肥しましょう。土の表面が乾いたらたっぷりと水を与え、乾燥しないように育てます。もともととても大きくなる性質なので、鉢植えよりも地植えが向いています。

オリーブ

古くから親しまれてきたハーブです。その実からとれるオイルはオレイン酸を多く含み、心臓血管や消化器官の不良、糖尿、肝臓障害など多くの症状の予防や治療に役立つとされます。ミネラルも豊富。

別名　オリバ　オレイフ
科名　モクセイ科／常緑高木
開花期　5〜6月

日照	日当たりがよく暖かい場所
土	水はけのよい土
水	鉢植えは土の表面が乾いたら与える
利用部分	主に実
効能・効用	血管浄化、消化、糖尿、肝臓障害などの改善

月	1	2	3	4	5	6	7	8	9	10	11	12
植えつけ			●—●									
収穫期										●—●		
ふやし方						さし木						

日当たりと水はけのよい環境でやや乾燥ぎみに育てます。かなりの高木になるので、できるだけ広いスペースを確保。根が浅く張るので、支柱を立てて支えます。なお、単体では実をつけない性質なので、2株以上を一緒に植えて育てます。春には新しく出た枝の先端を切り戻し、わき枝を出させてこんもりとまとまるように仕立てます。混み合ったところや伸びすぎた枝は大きく切り戻して。初夏に小花が開花し、秋に実を収穫できます。

カレープラント　curry plant

常緑性の銀葉にはカレーに似た強い香りがあり、黄色の花はドライフラワーやポプリの彩りによく利用されます。防虫効果もあり、ガーデンの虫よけにしたり、乾燥花を袋につめて防虫剤としても利用できます。

©Duncan
©sakai049

別名　エバーラスティング
科名　キク科／多年草
開花期　6〜8月

日照	日当たりのよい場所
土	水はけのよい土
水	土が乾いたら控えめに与える
利用部分	葉、花
効能・効用	花壇などの虫よけ、防虫

月	1	2	3	4	5	6	7	8	9	10	11	12
植えつけ			●—●									
収穫期				●———————●								
ふやし方			さし木					さし木				

苗やさし木で育てるのがおすすめで、植えつけ適期は春か秋。株は横に張り出して大きくなるので、地植えにするなら株間（株と株の間）は30cm以上あけます。比較的乾燥に強く、日当たりと水はけがよいとよく育ちます。枝が伸びてくると倒れやすいので、花の収穫のときは、草丈の3分の1ほどを残して摘みとります。冬の前にもう一度刈り込み、霜に当てないように注意します。

キャットミント　cat mint

葉にはフルーティーなミントの香りがあり、紫や白のかわいい花を咲かせます。キャットニップと同じようにネコのおもちゃにしたり、ドライフラワーやポプリにして楽しめます。

©Melanie Shaw Medical Herbalist

科名　シソ科／多年草
開花期　6〜8月

日照	日当たりのよい場所
土	水はけのよい土
水	土の表面が乾いたらたっぷり与える
利用部分	花、葉、茎

月	1	2	3	4	5	6	7	8	9	10	11	12
植えつけ			●—●					●—●				
収穫期				●—————————●								
ふやし方			株分け						株分け			

日当たりと水はけがよければ、特に土は選びませんが、横に広がるので、株間は30cmくらいとって植えつけたほうがよいでしょう。収穫時か花の終わったころに、根元付近で刈り込みます。毎年株がふえるので秋に掘り上げ、ナイフなどで縦にいくつかに分けて株分けすれば、かんたんにふやすことができます。また、地植えならこぼれ種からも発芽し、毎年どんどんふえます。

キャラウェイ *caraway*

©zoyachubby

若葉はサラダなどに、また独特の甘い香りの種子は、砕いてスパイスとしていろいろな料理に使うことができます。特にパンやケーキ、クッキーなどのお菓子との相性は抜群です。

別名　ヒメウイキョウ
科名　セリ科／二年草
開花期　6〜7月

日照	日なたまたは半日陰
土	水はけのよい肥えた土
水	鉢植えのみ土の表面が乾いたら与える
利用部分	全草（特に種子）
効能・効用	消化促進、食欲増進、肝機能促進

月	1	2	3	4	5	6	7	8	9	10	11	12
植えつけ				■—■					■—■			
収穫期												
ふやし方				種まき					種まき			

日当たりと水はけがよく、肥沃な土を好みます。植え替えを嫌うので、鉢やプランター、地面などに元肥を与えて直まきにして育てるとよいでしょう。どちらかといえば、秋まきの方が冬を越してしっかりした株になるのでおすすめです。水はけのよい土に十分に元肥を与えて植えつけ、成育の悪いときは液肥で追肥します。種子の収穫は、茶褐色に色づいてから茎ごと刈りとり、陰干しして保存します。

コーンサラダ *corn-salad*

サラダに使う葉もの野菜と同じように利用できます。ビタミンやミネラルがたっぷりの若葉をサラダにしてそのまま食べるか、スープやシチューなどの浮き身としてもよいでしょう。

別名　マーシュ　ノヂシャ
科名　オミナエシ科／一〜二年草
開花期　4〜6月

日照	日当たりのよい場所
土	水はけのよい土
水	土の表面が乾いたら与える
利用部分	若葉

月	1	2	3	4	5	6	7	8	9	10	11	12
植えつけ			■—■					■—■				
収穫期			■————■						■————■			
ふやし方			種まき						種まき			

春または秋に種をまきます。2週間ほどずらして2〜3回に分けて箱やプランターなどにバラまきします。その後成長して混み合ったところを間引きながら栽培すると長い間収穫できます。このとき間引いたものもサラダなどに利用できます。寒さに強い反面暑さには弱いので、秋に種をまき、冬に収穫するようにした方が、やわらかい葉が収穫できます。草丈が20cmほどになったら収穫適期です。

コーンフラワー *cornflower*

もともと麦畑の雑草だったほどでとても丈夫。青や黄色、ピンクの花は、ガーデニングはもちろん、切り花やドライフラワーの他、ハーブティーや化粧水、ポプリの副材料などとしても。

別名　ヤグルマソウ　ヤグルマギク
科名　キク科／一年草〜多年草
開花期　4〜6月

日照	日当たりのよい場所
土	水はけのよい土　土の酸性を嫌う
水	鉢植えのみ土の表面が乾いたら与える
利用部分	花
効能・効用	消化促進、消炎、利尿など

月	1	2	3	4	5	6	7	8	9	10	11	12
植えつけ			■—■							■—■		
収穫期			■————■									
ふやし方									■—種まき			

日当たりと水はけさえよければかんたんに育てられます。土に腐葉土などを混ぜて水はけをよくし、少量の元肥を与えて植えつけます。土の酸性に弱いので、地植えなら苦土石灰で中和して。その後月2回ほど、液肥で追肥しますが、与えすぎると、軟弱に育つので量は控えめに。土の表面が乾いたらたっぷりと水を与えますが、地植えなら植えつけ前後だけで十分。寒さや病害虫にも強いのですが、アブラムシがつきやすいので薬剤で対処しましょう。

サフラワー

safflower

種からとれる油が別名の通り「ベニバナ油」として主に利用されます。他にもハーブティーや、乾燥させてドライフラワーやポプリなどにも親しまれています。また乾燥させると赤くなることから、口紅などの赤色の原料としても有名です。

別名　ベニバナ
　　　スエツムハナ
科名　キク科／一年草

日照　日当たりのよい場所

土　水はけのよい土

水　土が完全に乾いたら
　　与える

利用部分　花、種子

効能・効用　動脈硬化、高血圧

月	1	2	3	4	5	6	7	8	9	10	11	12
植えつけ			■	━	━	━	━	━	━	━	■	
収穫期							■	━	━	■		
			■	種まき					■	種まき		

植え替えを嫌うので、種まきは鉢や庭などに直接種をまく、直まきで行います。苗を購入した場合は、4～5月ごろ、根鉢を崩さないように注意して植えつけるようにしましょう。アルカリ性の土を好むので、地植えなら、種まき、植えつけの前に苦土石灰（くどせっかい）をまいて酸性土を中和しておくとよいでしょう。本葉が出てきたら株間20cm程に間引きます。倒れやすいので、草丈が20～30cmになったら支柱を立ててやりましょう。花の収穫は花が開いて黄色から赤色に変わる時期に収穫します。

サフラン
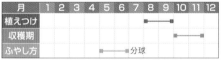
saffron

非常に高価なハーブで、乾燥させた柱頭を、パエリアやブイヤベース、サフランライスなどに使用します。分娩促進作用もあるので、妊娠初期の方の利用は控えめにしましょう。

別名　バンコウカ
科名　アヤメ科／球根植物
開花期　10～11月

日照　日当たりのよい場所

土　水はけのよい砂質の土

水　あまり必要ない

利用部分　柱頭

効能・効用　生理不順、更年期
　　　　　障害、分娩促進

月	1	2	3	4	5	6	7	8	9	10	11	12
植えつけ								■	━	■		
収穫期										■	━	■
ふやし方					■	━	分球					

日当たりのよい砂地を好みます。育て方はとてもかんたんで、植えっぱなしでも花は咲きます。球根の大きさの3～4倍の深さに植えつけると、約半月後には花を咲かせ、赤いめしべを収穫できます。収穫しためしべはすぐに陰干しにして、ビンなどの密閉容器などで保存します。翌年5～6月にかけて球根を掘り上げて乾燥させ、分裂した球根を分けて涼しい場所で保管し、また同じ時期に植えつけるとよいでしょう。

サラダバーネット

salad burnet

キュウリに似た香りをもつ葉をサラダに加えたり、細かく刻んでバターやチーズに混ぜ込むとおいしくいただけます。小さな花はアレンジメントのわき役にも利用されます。

別名　オランダワレモコウ
科名　バラ科／多年草
開花期　5～6月

日照　日当たりのよい場所

土　水はけのよい土

水　土の表面が乾いたら
　　与える

利用部分　葉、花、茎

効能・効用　収れん

月	1	2	3	4	5	6	7	8	9	10	11	12
植えつけ		■	━	━	━				■	━	■	
収穫期		■	━	━	━	━	━	━	━	━	■	
ふやし方		■	━	━	種まき				■	種まき		

種が大きく発芽しやすいので、種からもかんたんに育てられます。日当たりと水はけのよい場所で育てるのがベストですが、やや半日陰でも育てられます。葉が20枚以上になったら若葉を摘んで利用できます。花が咲いたら株元で切り戻すと、また葉が生えてたくさん収穫できます。一度根づけば毎年収穫できます。冬に地上部が枯れますが、春にはまた芽を出して成長します。

サラダバーネットの花

緑葉種

銀葉種

サントリナ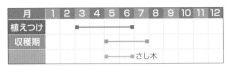

夏に、小さな金ボタンのような丸い頭花が集まって咲き、葉は細かい毛がある灰緑色～銀灰色の種類と、緑色のものとがあります。花壇の彩りに植えると、防虫効果も期待できます。

別名　ワタスギギク
科名　キク科／常緑低木
開花期　5～7月

日照　日なたまたは半日陰
土　水はけのよい砂質の土
水　土の表面が乾いたらたっぷり与える
利用部分　花、葉
効能・効用　防虫

月	1	2	3	4	5	6	7	8	9	10	11	12
植えつけ			●━━━━━━●									
収穫期					●━━●							
さし木							●━━━●					

水はけのよい砂質の土壌を好み、風通しが悪いと蒸れて枯れてしまうので注意しましょう。こんもり仕立てるには、背丈が15cm くらいのときから、まめに摘芯してこんもりと茂るようにします。比較適成長が早く株が乱れやすいので、まめに刈り込むようにし、花は早めに収穫しましょう。土が乾いたらたっぷりと水を与えますが、基本的には乾燥ぎみに管理するようにします。

ジャスミン *jasmine*

鉢植えを室内におくだけで、甘い香りが漂います。乾燥させた花をポプリなどに利用してもよいでしょう。ジャスミンティーとして知られるハーブティーにするなら、アラビアジャスミンやマツリカなどの品種を利用します。

別名　ソケイ
科名　モクセイ科／常緑低木
開花期　7～9月

日照　日当たりのよい場所
土　水はけのよい土
水　土の表面が乾いたら与える
利用部分　花
効能・効用　鎮静、催淫、抗うつ、子宮強壮、分娩促進

月	1	2	3	4	5	6	7	8	9	10	11	12
植えつけ				●								
収穫期						●━━━━━━━━●						
さし木			●━━━●									

市販の鉢植えはワイヤーや支柱を使ってこんもりと仕立ててあるので、花の咲いた後につるを1本ずつはずして50cm くらいに刈り込み、ひと回り大きな鉢に元肥を与えて植え替えましょう。日当たりのよい場所で、水はけよく育てます。またワイヤーなどを利用して、アーチ型など、自分の好みの形に仕立てて楽しむのもよいでしょう。刈り込みの後には追肥を忘れずに。さし木でふやせます。

スイートバイオレット *sweet violet*

花と葉は芳香材料として、香水などの原料にも使われます。フラワーアレンジメントにも人気です。花を砂糖漬けにしてもすてきな香りが楽しめます。また、痰をとり去る効果のあるサポニンを含んでいることでも有名です。

別名　ニオイスミレ
科名　スミレ科／多年草
開花期　4～6月

日照　半日陰
土　水はけ・水もちのよい土
水　植えつけの前後のみ与える
利用部分　花、葉
効能・効用　呼吸器系の鎮静、去痰など

月	1	2	3	4	5	6	7	8	9	10	11	12
植えつけ			●━━●					●━━●				
収穫期				●━━━━━━━━━━━━━●								
ふやし方			株分け	さし木						株分け		

9～10月ごろに種をまき、よく肥えた水はけ、水もちのよい土で育てます。このとき元肥を忘れずに与えます。また、半日陰で育てた方が花つきがよくなります。植えつけの前後以外は水やりも必要ありません。寒さには強く、冬を越したあと、春には紫色のきれいな花を次々に咲かせます。夏にはアブラムシが発生しやすいので、早めに駆除するようにしましょう。夏にはさし木で、春と秋には株分けでふやすこともできます。

©retemirabile

スープセロリ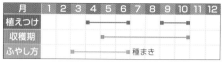

野菜のセロリの仲間ですが、セロリよりも成長が早く、香りも強いので、料理の香りづけにうってつけのハーブです。セロリシードとよばれる種も、砕いてジュースなどに利用します。

別名　キンサイ
科名　セリ科／多年草
開花期　6〜9月

	日照	日なたから半日陰
	土	水もちのよい土
	水	土の表面が乾いたら与える 夏の乾燥に注意
	利用部分	葉、茎、種
	効能・効用	食欲増進、発汗、解熱

月	1	2	3	4	5	6	7	8	9	10	11	12
植えつけ				●━━●					●━━●		
収穫期				●━━━━●				●━━━━━●			
ふやし方				●━━種まき━━●							

水もちがよく肥えた土を好むので、元肥は十分に与えて植えつけましょう。日なたでも半日陰でもよく育ちますが、夏の直射日光には弱いので、夏場は乾燥と高温に注意しましょう。葉が10枚以上になったら収穫できますが、花が咲きはじめたら早めに摘みとりましょう。開花期に株元で切り戻すと、晩秋まで収穫できます。種まきでふやせますが、春まきの方がかんたんに育てられます。

セイボリー

強い辛味がある生葉を、ソーセージなどのつめ物や煮込み料理、ハーブオイルとして利用します。ただし香りは強いので、使いすぎないように注意しましょう。

別名　サボリ
　　　キダチハッカ
　　　／一年草〜常緑低木
科名　シソ科
開花期　7〜9月

	日照	日当たりのよい場所
	土	アルカリ性で肥料分の少ない土
	水	土の表面が乾いたら控えめに与える
	利用部分	葉
	効能・効用	消化促進

月	1	2	3	4	5	6	7	8	9	10	11	12
植えつけ			●━●						●━●		
収穫期		●━━━━━━━━━━━━━━━━━━━●										
ふやし方			●━さし木━●						●━さし木━●		

日当たりがよく、アルカリ性で肥料分の少ない土を好みます。種からの栽培もできますが、かなり日数がかかるので、苗からの栽培の方がおすすめです。株間を30cmほどにして元肥を少なめに植えつけ、成長にともない収穫も兼ねて多少刈り込み、株の形を整えていきます。冬の前には10cmほどに刈り詰めて、根元に敷きわらなどをして寒さから守ってやるとよいでしょう。また、さし木でもふやすことができます。

セルフヒール selfheal

セルフヒールとは「自然治癒」という意味で、多くの薬効があります。花穂をティーにして口内炎に、また全草に効能があり、肌荒れや保湿によいクリームの成分としても使用されます。

別名　セイヨウウツボグサ
　　　カゴソウ
科名　シソ科／多年草
開花期　6〜8月

	日照	日当たりのよい場所
	土	特に選ばない
	水	乾燥が続いたら与える 地植えは必要ない
	利用部分	花穂、葉、茎
	効能・効用	利尿、すり傷、口内炎、にきび、保湿、肌荒れ

月	1	2	3	4	5	6	7	8	9	10	11	12
植えつけ			●━━●						●━━●		
収穫期					●━━━━━●						
ふやし方			●━株分け━●					●━株分け━●			

日当たりさえよければ土も選ばず、ほとんどの場所でよく育ちます。地植えなら元肥も水やりも自然にまかせるだけでほとんど必要なく、放っておいても大丈夫です。とても丈夫で成育おう盛な性質があり、茎の下の方からほふくする枝を出してどんどん広がります。地植えだと雑草のように群れることが多いので、プランターでの栽培がおすすめです。この場合は少量の元肥と、乾燥したときの水やりが必要です。春と秋に株分けでふやせます。

©davidshort©Public Domain Photos

セントジョンズワート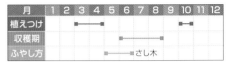

古くから、花や葉を油に浸したものを傷薬や神経痛、打撲などに利用したり、花をうがい薬や化粧水となどにも利用されてきました。抗うつ効果が期待できるハーブティーにもおすすめ。

別名　ヒペリカム
　　　キンシバイ
科名　オトギリソウ科
開花期　6〜8月

日照　日当たりのよい場所

土　水はけ・水もちのよい土

水　土の表面が乾いたら与える

利用部分　花、葉

効能・効用　抗うつ、強壮、夜尿症など

月	1	2	3	4	5	6	7	8	9	10	11	12
植えつけ			●—●						●—●			
収穫期					●			●				
ふやし方				●—さし木								

ヒペリカム、またはキンシバイの名前で売られていることもあります。春か秋に種をまくか、苗を植えつけて育てます。春か秋に、日当たりのよい場所で、水はけのよい砂質の土に植えつけて育てます。大きく育つので、鉢植えの場合は大きい容器を用意しましょう。さほど水やりは必要がありませんが、鉢植えなら土の表面が乾いたら水を与えるようにします。成育が始まる春と開花後、秋には固形肥料などで追肥するようにしましょう。

ソープワート　soapwort

茎や根を煮出した液には、せっけんのようなぬめりがあり、洗濯やシャンプーにも利用できます。イギリスでは「洗いもの屋のハーブ」とよばれて親しまれているほど。また、初夏に咲く薄ピンクの花が美しいので、花壇の彩りにも向いています。

別名　サポナリア
　　　サボンソウ
科名　ナデシコ科／多年草
開花期　5〜7月

日照　日当たりのよい場所

土　水はけのよい土

水　土の表面が乾いたらたっぷり与える

利用部分

月	1	2	3	4	5	6	7	8	9	10	11	12
植えつけ			●—————●						●—●			
収穫期												
ふやし方		●—種まき							●—種まき			
										●—株分け		

水はけのよい土に植えつけ、日当たりのよい場所で育てます。土の表面が乾いたらたっぷりと水を与えます。半日陰でも育ちますが、日なたで育てた方が花つきはよくなります。また、成長期には薄い液肥で追肥すると、花をたくさん咲かせることができます。種から育てたい場合は、春か秋のお彼岸ごろにまいて育てます。秋には株分けしてふやすこともできます。

ソレル　sorrel

大きくてやわらかい若葉には独特の酸味があり、サラダに使う野菜と同じように利用できます。若葉を根元から摘みとり、サラダやソース、スープ、オムレツなどに利用します。

別名　スイバ
　　　スカンポ
科名　タデ科／多年草
開花期　6〜7月

日照　半日陰

土　水もちがよく湿り気のある土

水　土の表面が乾いたら与える
　　夏の乾燥に注意

利用部分　葉、茎

効能・効用　解熱、肝機能改善

月	1	2	3	4	5	6	7	8	9	10	11	12
植えつけ				●—●					●—●			
収穫期					●—————————————●							
ふやし方				●———————————————————————●							

湿り気のある土に植えつけ、半日陰で育てます。丈夫で成長がとても早く、種からでもかんたんに育てられます。ただし、根が肥大するので鉢植えには向いていません。種はスジまきにし、株間（株と株の間）が15cmになるように順次間引いていきます。一度育てると、翌年からこぼれ種でもよくふえます。夏の水切れには注意しましょう。花につぼみがあるうちに収穫すると、おいしい葉がとれます。

タラゴン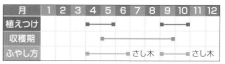

French tarragon

若葉をベアルネーズソース、タルタルソース、ビネガーやオムレツなどの卵料理に生のまま利用します。タラゴンには他にもロシアンタラゴンがありますが、苦みが強く香りも劣るのであまり利用しません。

別名　フレンチタラゴン
　　　エストラゴン
科名　キク科／多年草
開花期　なし

日照　日当たりのよい場所

土　水はけのよい土

水　土の表面が乾いたら与える

利用部分　葉

効能・効用　駆虫作用、消化促進、リュウマチ

月	1	2	3	4	5	6	7	8	9	10	11	12
植えつけ				■—	—	—	—	—	—	—■		
収穫期					■—	—	—	—	—■			
ふやし方							さし木			さし木		

種ができないハーブなので、苗で購入するか、フレッシュ（生）で売られているものを初夏か秋ごろにさし木して育てます。日当たりがよく水はけのよい場所を好みます。基本的にそれほど肥料は必要とせず、あまり多く肥料を与えすぎたり、2年に1度ほどのペースでさき木をして更新しないと、香りが劣ってくるので注意しましょう。水は、土の表面が乾いたときだけ与える程度で十分です。

タンジー

tansy

ヨモギやシダのような形の葉をはじめ、全体にキク独特の強い香りがあり、防虫効果が期待できます。乾燥させて袋に入れれば防虫剤として利用でき、庭に植えれば虫よけとしても利用できます。色あせしにくいので、ドライフラワーなどのクラフトにもおすすめです。

別名　ヨモギギク
科名　キク科／多年草
開花期　8〜10月

日照　日当たりのよい場所

土　水はけのよい土

水　あまり必要ない

利用部分　花、葉

効能・効用　防虫

月	1	2	3	4	5	6	7	8	9	10	11	12
植えつけ			■—	—■					■—	—■		
収穫期				■—	—	—	—	—	—■			
ふやし方		さし木・株分け							さし木・株分け		

日当たりがよよければ土は選ばず、種からや株分けでもかんたんに栽培できます。種まきは春と秋に。何もしなくてもよく育つほど丈夫で、寒さにもかなり強い植物なので、冬でも安心です。水や肥料も特に与える必要はありません。ただし背丈が高く根もよく伸びるので、鉢植えより地植えの方が適しています。また、強い香りと濃い黄色の花、さらにその背丈を生かして、ガーデンの背景などたくさん植えてもよいでしょう。

チャービル

chervil

魚や鶏肉料理に加えたり、スープやサラダにも利用しますが、特にオムレツなどの卵料理との相性は抜群です。加熱すると風味が衰えるので、調理の最後に加えるか、短時間の加熱で仕上げるとよいでしょう。

別名　セルフィーユ
　　　ウイキョウゼリ
科名　セリ科／一年草
開花期　4〜6月

日照　半日陰

土　やや湿り気のある土

水　水を切らさないように与える

利用部分　葉、茎

効能・効用　利尿、貧血

月	1	2	3	4	5	6	7	8	9	10	11	12
植えつけ			■—	—■					■—	—■		
収穫期			■—	—	—■			■—	—	—■		
ふやし方				種まき					種まき		

半日陰とやや湿った土を好み、強い日差しと乾燥は大の苦手です。植え替えを嫌うので、プランターなどに種を10cm間隔で数個ずつ直まきし、混み合ってきたら間引きます。発芽してから約1〜2か月で収穫できるようになります。成育が早いので、種まきは1〜2週に2〜3回に分けてまくと長く収穫できます。寒さにも割と強く、屋外でも冬越しできるほどです。

ディル *dill*

フェンネルよりやや甘さがなく、強めの香りの枝や生の葉は魚料理や肉料理、サラダやオイル、ビネガーなどに使うと風味がグンとよくなります。また、種（ディルシード）はピクルスやクッキーなどに利用できます。

別名　イノンド
科名　セリ科／一年草
開花期　5〜7月

日照　日当たりのよい場所

土　水はけのよい土

水　鉢植えのみ土の表面が乾いたら与える

利用部分　全草

効能・効用　鎮静、口臭予防

月	1	2	3	4	5	6	7	8	9	10	11	12
植えつけ				■―	―■				■―	―■		
収穫期				■――	―――	―――	――■					
ふやし方			■―種まき―		■―種まき―							

日当たりと水はけさえよければどんな土でも大丈夫ですが、植え替えを嫌うので、春か秋に直まきにするか、株間を30cmほどとって植えつけます。鉢植えの場合は、土の表面が乾いたらたっぷりと水を与えます。常に葉を収穫したい場合は、1〜2週間ずつ種まきや植えつけをずらして栽培するとよいでしょう。また種子を収穫するときは、花が終わった後、茶褐色に色づいてきてから花穂ごと刈りとり、乾燥後ふり落として保存して使用します。

トードフラックス *common toadflax*

茎や葉を煎じて薬草として利用することもあります。リナリアの仲間で花がきれいなので、フラワーアレンジメントなどの素材として利用されるのが一般的には多いようです。

別名　ホソバウンラン
　　　リナリア
科名　ゴマノハグサ科／多年草
開花期　5〜9月

日照　日当たりのよい場所

土　湿り気のある土

水　土の表面が乾きかけたら与える

利用部分　全草

効能・効用　利尿、皮膚病

月	1	2	3	4	5	6	7	8	9	10	11	12
植えつけ			■―	―■								
収穫					■―	――	――	――	――	―■		
ふやし方		■―種まき―										

ワイルドフラワーの一種として知られ、丈夫で育てやすい性質です。地植えならほとんど手間がかからず、どんどんふえて広がるので、雑草化しないように気をつけましょう。元肥や追肥も与えない方がかえってよいでしょう。日なたとやや湿り気のある土を好み、鉢植えの場合は土の表面が乾きかけたら水を与え、乾燥が続かないようにします。春に種まきでかんたんにふやせます。

白花種

ヒソップ *hyssop*

ラベンダーによく似た、紫色のきれいな花をつけるヒソップ。ドライフラワーやガーデンの装飾の他、細くてつやのある香り高い葉をティーや肉料理、豆料理などにも利用できます。

別名　ヤナギハッカ
科名　セリ科／多年草
開花期　5〜11月

日照　日当たりのよい場所

土　水はけのよい土

水　土の表面が乾いたらたっぷり与える

利用部分　花、葉

効能・効用　風邪、ぜんそく、リウマチ

月	1	2	3	4	5	6	7	8	9	10	11	12
植えつけ			■――	――■					■―	―■		
収穫期					■―	――	――	――	――	―■		
ふやし方			■―さし木・株分け―				■―さし木・株分け―					

日当たりと水はけがよければ、土は特に選びません。春か秋に種をまき、本葉が6枚ほどになったら、3号ポットに仮植えします。その後、底から根がはみ出してきたら主枝を摘みとり、元肥を与え、40cmほど株間をとって植えつけます。肥料は与えすぎないようにし、花後に追肥する程度にします。暑さ寒さには強いのですが、蒸れには弱いので、風通しがよくなるよう株間は十分とりましょう。

フィーバーフュー *feverfew*

コギクによく似た花はフラワーアレンジメントの素材としてよく利用されます。さまざまな効能も期待でき、ティーとして飲むことができます。また、その強い芳香から虫を寄せ付けないパワーもあるので、野菜などと一緒にコンパニオンプランツとして植えても◎

別名　ナツシロギク
　　　マトリカリア
科名　キク科／多年草

日照　日当たりのよい場所

土　水はけのよい土

水　控えめに与える

利用部分　花、葉

効能・効用　解熱、強壮、駆虫、頭痛など

月	1	2	3	4	5	6	7	8	9	10	11	12
植えつけ				■━■					■━■			
収穫期												
ふやし方				種まき					種まき			

とてもじょうぶなので、日当たりと水はけさえよければ種からでもかんたんに育てることができます。春まきと秋まきがありますが、開花が翌年になるので、花を利用したい方は、秋まきから始めるとよいでしょう。手入れはほとんど必要なく、地植えなら元肥を与えて種まき・植えつけした後は、放っておいても大丈夫です。鉢植えなら様子を見ながら、追肥、水やりを控えめに与えるようにしましょう。本来は宿根草ですが、高温多湿に弱く夏や梅雨時期に枯れてしまうことが多いので、1年草として育てた方がよいでしょう。

フラックス *flax*

古くから栽培され、葉からはリネン、種からは亜麻仁油がとれ、染料などとして利用されてきました。一般的には青く美しい花を生かしてドライフラワーにしたり、花壇材料として利用されることがほとんどです。

別名　アマ　リナム
科名　アマ科／一年草
開花期　6〜7月

日照　日当たりのよい場所

土　水はけのよい土

水　乾燥ぎみに育てる

利用部分　全草

効能・効用　消炎

月	1	2	3	4	5	6	7	8	9	10	11	12
植えつけ	■━━━━━■								■━■			
収穫期						■━■						
ふやし方	■					種まき				種まき		

比較的丈夫で育てやすい性質です。日当たりと水はけのよい場所で育てます。茎が細く倒れやすいので、種はスジまきにし、株がお互いに支え合うくらい密に栽培し、かなり混み合っているところだけ間引きします。特に鉢植えの場合は支柱を立てて支えるとよいでしょう。肥料はほとんど必要なく、乾燥ぎみに育てるのがおすすめです。暑さに弱く、夏には枯れやすいので温度管理には十分に注意します。

ヘリオトロープ *heliotrope*

春から秋にかけて甘く強い芳香を漂わせて、花を咲かせます。その香りはかなり遠くの方まで香るほど。薬用や食用では利用されませんが、ポプリ、フラワーアレンジメントなどに多く利用されます。香水の原料としても有名で「コウスイソウ」とも呼ばれるほど。

別名　ニオイムラサキ
　　　キダチルリソウ
科名　ムラサキ科／多年草

日照　日当たりのよい場所　夏は半日陰

土　水はけのよい弱アルカリ性の土

水　水を切らさないように与える

利用部分　花、葉、茎

効能・効用　特になし

月	1	2	3	4	5	6	7	8	9	10	11	12
植えつけ				■━━━━━■								
収穫期					■━━━━━━■							
ふやし方	種まき			■━■			さし木			■ 種まき		

種から育てるのはやや難しくなるので、園芸店などで出回る苗を購入して育てるのが一般的です。地植えの場合は、酸性の土を嫌うので植えつける前に苦土石灰をまいて酸性を中和しておきましょう。成育中はよく水分を吸収するので、土が乾く前に水やりをします。特に夏場の乾燥期には注意が必要です。開花期間が長いので、花は適宜摘みとって利用しましょう。ふやす場合は、さし木でかんたんにふやせます。冬の寒さに弱いので、鉢上げして屋内にとり込むか、さし木して屋内で管理して冬越しさせます。

©pika1935

白花種

©daryl_mitchell

ベルガモット

赤や紫の花を咲かせ、ベルガモットオレンジに似た柑橘系の香りをもつことからこの名でよばれます。またベルガモットの葉は、風邪や気管支炎に効くハーブとしても知られています。

別名　モナルダ
　　　タイマツバナ
科名　シソ科／多年草
開花期　6 ～ 10 月

日照　日当たりのよい場所

土　水はけ・水もちのよい土

水　土の表面が乾いたらたっぷり

利用部分　花、葉

効能・効用　鎮静、殺菌、風邪、気管支炎など

月	1	2	3	4	5	6	7	8	9	10	11	12
植えつけ			■—	—■					■—	—■		
収穫期						■—	——————	——————	—■			
ふやし方			■—————	種まき				さし芽・株分け		さし芽・株分け		

とても丈夫で育てやすく、苗も真夏と真冬以外は入手できます。春か秋に、株間を 40 ～ 50cm あけて元肥の有機肥料をやや多めに与えて植えつけます。10 月と 3 月には、やや多めに元肥と同じ肥料を与え、開花中は月に 1 ～ 2 回液肥を与えます。水を切らさず、特に夏は水切れにならないようにしっかりと管理しますが、蒸れにも弱いので過湿にならないようにします。アブラムシとアオムシの被害を受けやすいので注意しましょう。

ホアハウンド horehound

葉はハチミツなどを加え、ティーとして利用できます。これは古代エジプト時代から、民間のせき止め薬として知られたものです。また、小さな花姿は、ドライフラワーにしてもひかえめでかわいいものに仕上がります。

別名　ニガハッカ
科名　シソ科／多年草
開花期　6 ～ 7 月

日照　日当たりのよい場所

土　水はけのよい土

水　土の表面が乾きかけたら与える

利用部分　全草

効能・効用　せき止め、気管支炎

月	1	2	3	4	5	6	7	8	9	10	11	12
植えつけ			■—	—■								
収穫期						■—————	——————	——————	—■			
ふやし方			■—	株分け	—■	■—— さし木 ——						

基本的には丈夫でほとんど手がかからないのですが、日当たりと水はけのよい場所で、十分な有機肥料を与えて育てると、とても香りのよいものが収穫できます。種から育てるケースが多く、地植えでも鉢植えでも手軽に育てることができます。土の表面が乾きかけたら水を与え、全体に湿りぎみに管理するとよいでしょう。3 月に株分けするか、6 ～ 7 月ごろにさし木でふやせます。

ホップ hop

なんといってもビールの苦味と風味づけに使われるのが有名で、世界中で栽培されていますが、一般の家庭でも、つぼみや若い芽をハーブティーにすれば、安眠とすばらしいリラックス効果が期待できます。

別名　セイヨウカラハナソウ
科名　クワ科／宿根草
開花期　7 ～ 9 月

日照　日当たりのよい場所

土　水はけのよい土　土の酸性を嫌う

水　土の表面が乾いたら与える

利用部分　花穂

効能・効用　利尿、安眠、鎮静

月	1	2	3	4	5	6	7	8	9	10	11	12
植えつけ			■—	—■					■—	—■		
収穫期								■—	—■			
ふやし方					■————	—■ さし木						

苗は春か秋に出回ります。水はけのよい土に植えつけ、日当たりのよい場所で育てます。土の酸性を嫌う傾向があるので、地植えの場合は苦土石灰で中和してから植えつけるとよいでしょう。寒さには比較的強いのですが、逆に蒸し暑さには弱いので梅雨時などは十分に注意します。ホップには雌雄の株がありますが、雌株の茎を利用して、初夏にさし木でふやすことができます。

ボリジ
borage

下向きに咲く星形のブルーの花は、その美しさを十分楽しむことができます。カルシウム、ミネラルなどが多く含まれており、葉はキュウリのような風味で、花とともに若葉をサラダや天ぷらなどにします。

別名　ルリチシャ
科名　ムラサキ科／一年草
開花期　4〜7月

日照　日当たりのよい場所
土　水はけのよい土
水　土の表面が乾いたら与える
利用部分　若葉、花
効能・効用　利尿、鎮痛、打ち身

月	1	2	3	4	5	6	7	8	9	10	11	12
植えつけ				■—■					■—■			
収穫期			■———————————————————■									
ふやし方					■—種まき				■—種まき			

種からもかんたんに育てられますが、苗からの方が手軽です。春、苗を植えつければ、2か月くらいで花も収穫できます。高温多湿には弱いので、梅雨から夏には収穫を兼ねて枝を切って、風通しをよくします。秋まきなら春に、春まきなら初夏に花が咲きますが、花は午前中でしおれるので、開花日の午前中に摘みとるようにします。花は次々と咲き、こぼれ種からもよくふえます。

マジョラム
sweet marjoram

オレガノに似た風味がありますが、香りはよりマイルドなもので、生葉・乾燥葉・粉末を野菜料理や肉料理、ソーセージなどに幅広く利用できます。

別名　マヨラナ
科名　キク科／多年草
開花期　5〜6月

日照　日当たりのよい場所
土　水はけのよい土
水　乾燥ぎみに管理する
利用部分　全草
効能・効用　鎮静、強壮、通経、消化促進

月	1	2	3	4	5	6	7	8	9	10	11	12
植えつけ			■———————————————————■					■———————■				
収穫期			■———————————————————————————————■									
ふやし方				株分け 種まき				株分け				

春または秋に種をまき、香りのよいものを選んで、水はけがよく日当たりのよい場所に植えつけます。肥料を与えすぎると香りが落ちるので注意します。過密に植えると蒸れて枯れやすいので、刈り込んだり、間引きします。2〜3年に1度はよい香りのものを選別し、さし木や株分けをして更新しましょう。オレガノよりやや寒さに弱いのですが、直接雪がかぶったりしなければ冬越しできます。

マスタード
mustard

辛味を利用して、サラダにしたりサンドイッチにはさむとおいしくいただけます。また、湿布にすると、リウマチや炎症などにも効きます。ただし刺激が強く、肌が弱い人には向きません。

別名　セイヨウカラシナ
科名　アブラナ科／一年草
開花期　3〜5月

日照　日当たりのよい場所
土　水もちのよい肥えた土
水　土の表面が乾いたら与える
利用部分　葉、種
効能・効用　リウマチ、消炎、除臭

月	1	2	3	4	5	6	7	8	9	10	11	12
植えつけ			■—■						■—■			
収穫期				■							■	
ふやし方			■—種まき						■—種まき			

水もちのよい肥えた土に植えつけ、日当たりのよい場所で育てます。少し密に植えても大丈夫で、種からでも苗からでもよく育ちます。成長に従って間引きしますが、このとき間引いた菜もおひたしなどに利用できます。夏を除いてはいつでも種がまけるので、1週間ずつ種まきをずらして育てれば、随時収穫できます。草丈が10〜20cmになれば、株元から切って収穫できます。

メキシカンスイートハーブ sweet herb mexican

名前からもわかるように、砂糖がわりに使える甘味があります。その甘さはステビアよりも強く、新しい甘味料となる期待がもたれるハーブです。ステビア同様カロリーが低いので、ダイエットにもぴったりです。

科名　クマツヅラ科
　　　／多年草
開花期　7〜8月

日照　日当たりのよい場所

　　　水はけのよい土

水　　やや乾燥ぎみに管理

利用部分　葉

効能・効用　気管支炎、
　　　　　　百日咳などに

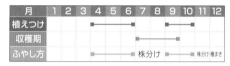

月	1	2	3	4	5	6	7	8	9	10	11	12
植えつけ			■		■							
収穫期					■						■	
ふやし方				さし木	株分け				■		株分け	

本来2m以上とかなり大きくなる性質ですが、耐寒性が無いので、温室でなければ小さく育ちます。また、0℃近くなると葉が赤くなります。鉢植えなら冬は室内にとり込み、できるだけ暖かく管理します。日当たりと水はけのよい場所で育て、過湿にならないよう水やりを調節します。茎が伸びて地面につくと、どんどん根を出してふえるので、雑草化しないように注意しましょう。さし木と株分けでふやせます。

©Alois Staudacher
©nayukim

ヤロウ yarrow

まとめて植えると、カラフルな小花が花壇によく映えます。また、葉や茎はかぜのときに飲むティーに、若葉はサラダや、ケガをしたときの血止めにも利用できます。

別名　アキレア
　　　セイヨウノコギリソウ
科名　キク科／多年草
開花期　7〜9月

日照　日当たりのよい場所

　　　湿り気のある土

水　　土の表面が乾いたら
　　　たっぷり与える

利用部分　全草

効能・効用　止血、風邪、
　　　　　　発汗、強壮

月	1	2	3	4	5	6	7	8	9	10	11	12
植えつけ				■					■			
収穫期							■					
ふやし方					株分け				株分け・種まき			

日当たりのよい場所に植えれば、放っておいても大株に成長します。湿らせた土に種をスジまきにし、本葉3〜5枚でいったんポットなどに仮植えするか、株間をとって地植えにします。株が混んできたら間引きや株分けをし、花が咲くたびに収穫をかねて根元で切り戻します。鉢植えは根詰まりしやすいので、株分けして植え替えてやるとよいでしょう。秋には種まきでもふやすことができます。

ユーカリ eucalyptus

オーストラリア原産で、コアラが食べる木として有名なユーカリは、ハーブとしても多くの効能があります。特に精油は、アロマテラピーでもよく使われます。また、お風呂に入れると肌がきれいになるといわれます。

別名　ユーカリプタス
科名　フトモモ科
　　　／常緑高木
開花期　10〜12月

日照　日当たりのよい場所

　　　水はけのよい土

水　　土の表面が乾いたら
　　　たっぷり与える

利用部分　葉

効能・効用　風邪、せき、花粉
　　　　　　症、虫よけなど

月	1	2	3	4	5	6	7	8	9	10	11	12
植えつけ				■			■					
収穫期			■								■	
ふやし方			■	種まき								

日当たりと水はけのよい場所で育てます。地植えにする場合は樹高がかなり高くなり横にも広がるので、広めのスペースをとっておきます。寒さにはあまり強くないので、幼いうちは鉢植えで育て、冬は室内に入れるようにするとよいでしょう。成長がとても早く、すぐに大きくなりますが、完全に地面に根づくまでは、支柱を立てたり風当たりの強い場所に置くのは避けます。春に種まきでふやせます。

ラムズイヤー

lamb's ear

卵形でしわのある葉は、灰白色の毛で覆われて、全草が銀色に輝くラムズイヤーは、「小羊の耳」の名の通り、ふかふかした感触がユニークなハーブです。花壇の彩りや寄せ植え、ドライフラワーなどに向いています。

別名　ワタチョロギ
　　　スタキス
科名　シソ科／多年草
開花期　7～9月

日照　日当たりのよい場所
土　肥沃で水はけのよい土
水　土が乾いたら与える
利用部分　全草
効能・効用　安眠

月	1	2	3	4	5	6	7	8	9	10	11	12
植えつけ				■━━■					■━━■			
収穫期							■━━━━■					
ふやし方			さし木・株分け					さし木・株分け				

4月ごろ、水はけのよい肥えた土に元肥を与えて植えつけ、その後は乾燥ぎみに管理します。湿気に弱いので、梅雨時はなるべく雨に当てないように注意しましょう。初夏には紫色の小花を次々と咲かせ、春や秋にさし木や株分けでかんたんにふやすことができ、年数がたつにつれ、どんどん大株に成長していきます。ガーデンなら一面に広がる幻想的な風景を楽しむことができます。寄せ植えの素材としてもおすすめです。

©schaefer_rudolf

リンデン
linden

ヨーロッパで古代から神聖・有用・恋愛の木として人々に親しまれている樹木です。垂れ下がって咲く花と、苞葉を摘みとって乾かし、ティーにして楽しみます。

別名　セイヨウボタイジュ
科名　シナノキ科／落葉高木
開花期　6～7月

日照　日当たりのよい場所
土　水はけのよい土
水　土の表面が乾いたら与える
利用部分　花、苞葉
効能・効用　鎮静、皮膚軟化、
　　　　　　血圧降下、利尿、
　　　　　　肝臓結石

月	1	2	3	4	5	6	7	8	9	10	11	12
植えつけ										■━━■		
収穫期					■━━■							
ふやし方					■━━さし木							

本来かなりの大木になる植物なので、種からの栽培は年月もかなりかかり難しいため、苗木を購入して植えつけるのがおすすめです。また、十分なスペースか大きな容器が必要です。元肥は少量で十分ですが、土の酸性を嫌うので、地植えなら苦土石灰で中和してから植えつけるようにします。特に苗木がまだ小さいうちは、冬の強い寒さと高温多湿を嫌うので注意しましょう。しっかり根づけばその後は比較的丈夫に育ちます。

ルー
rue

独特の香りをもつルーは切り花やポプリ、ドライフラワーにするだけでも防虫効果があります。食用や薬用よりも、一般的にはモスバッグなどにして使った方が手軽でおすすめです。

別名　ヘンルーダ
科名　ミカン科／多年草
開花期　5～6月

日照　日当たりのよい場所
土　水はけ・水もちのよい土
水　土の表面が乾いたら
　　たっぷり与える
利用部分　花、葉
効能・効用　防虫

月	1	2	3	4	5	6	7	8	9	10	11	12
植えつけ				■━━━━■								
収穫期					■━━━━━━━━━■							
ふやし方			■━━さし木									

日当たりと水はけ・水もちがよければとてもよく育ちます。種を直まきにしても、次々と発芽して育ちます。成育中は土の表面が乾いたらたっぷりと水を与えます。ほうっておくとわき枝があまり出ないので、ある程度の高さで頂点の芽を摘むようにします。花は咲き始めのころに摘んで切り花などに。春に新芽を切ってきれいな土にさし木すれば、かんたんにふやせます。

ルバーブ
rhubarb

赤く色づく茎は酸味があり、ジャムに最適です。整腸作用があるとされ、ヨーロッパでは朝の食卓に並ぶことも。ただし、食用にするのは若い葉や茎がほとんどで、古いものは使いません。

別名　ショクヨウダイオウ
科名　タデ科／宿根草
開花期　6〜7月

月	1	2	3	4	5	6	7	8	9	10	11	12
植えつけ			■——	—■								
収穫期					■——	—■						
ふやし方			■——種まき・株分け——■									

日照　日当たりのよい場所
土　水はけのよい肥えた土
水　土の表面が乾いたら与える
利用部分　葉の柄
効能・効用　整腸

水はけのよいやや肥えた土に植えつけ、日当たりのよい場所で育てます。あまり乾燥している土地だと成育が悪くなるので、土の表面が乾いたら水を与えるようにしますが、逆に湿りすぎると根腐れを起こすので適度な湿度管理と、雨よけなどの対策が必要です。冬は成育がストップしますが、寒さには強いので放っておいても大丈夫です。春には株分けでも種まきでもふやすことができます。

レディスマントル
lady's mantle

レディスマントルは「聖母マリアのマント」という意味で、美しい葉のイメージからついた名前です。乾燥葉をティーやフェイシャルスチームに利用できます。また、花壇のグラウンドカバーやロックガーデンにも向きます。

別名　ハゴロモグサ
　　　アルケミラ
科名　バラ科／多年草
開花期　6〜9月

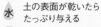
レディスマントルの葉

月	1	2	3	4	5	6	7	8	9	10	11	12
植えつけ				■——	—■				■——	—■		
収穫期						■——	——	——	—■			
ふやし方			■——さし木・株分け——■									

日照　やや日なたから半日陰
土　水はけのよい土
水　土の表面が乾いたらたっぷり与える
利用部分　花、葉
効能・効用　生理不順、更年期障害、収れん

半日陰からやや日なたくらいの日当たりを好み、暑さと石灰質の土壌を嫌います。春か秋ごろに苗を植えつけて育てますが、とても丈夫でどんどん広がります。ただし、蒸れや夏の暑さには弱いので、できるだけ風通しをよくして管理しましょう。春にさし木や株分けで、かんたんにふやすことができます。美容などに効くハーブとして葉を利用する場合は、初夏の開花直前に香りのよい葉を摘んで、乾燥保存します。

レモンバーベナ
lemon verbena

レモンに似た香りをもつハーブは数多くありますが、中でも一番レモンらしい香りがあります。葉は乾燥させても香りが長もちし、ティーなどに向きます。デザートの風味づけにもぴったりです。

別名　コウスイボク
　　　ベルベーヌ
科名　クマツヅラ科／多年草
開花期　6〜10月

月	1	2	3	4	5	6	7	8	9	10	11	12
植えつけ				■——	—■							
収穫期						■——	——	——	—■			
ふやし方				■——さし木——■								

日照　日当たりのよい場所
土　水はけのよい土
水　鉢植えのみ土の表面が乾いたら与える
利用部分　葉
効能・効用　鎮静、消化促進

日当たりと水はけさえよければ土は選ばず、さし木でかんたんに根をつけられます。大きくなるまであまり枝を刈りとらずに枝数をふやしていくと、葉の収穫量もふえます。冬場は室内にとり込むとよいのですが、通常は気温が低くても、枝と根が凍らなければ冬越しできます。地植えで越冬する場合は、根元をワラなどで覆ってやるとよいでしょう。収穫は、開花前後の香りのよい時期がおすすめです。

レモンユーカリ
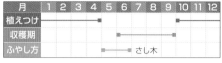
lemon-scented eucalyptus

ユーカリの仲間ですが、葉にはレモンに似たさわやかな香りがあります。葉に含まれる精油はシトロネールで殺菌・防腐効果があり、乾燥葉をポプリやリースの素材にしたり、ティーにすることもできます。

別名　レモンセンテッドガム
　　　スポッテッドガム
科名　フトモモ科／宿根草
開花期　6〜7月

日照　日当たりのよい場所
土　水はけのよい土
水　土の表面が乾いたら与える
利用部分　葉
効能・効用　殺菌、防腐、鎮静、風邪など

月	1	2	3	4	5	6	7	8	9	10	11	12
植えつけ				■						■		
収穫期					■——————————————■							
ふやし方					■——さし木							

成長がとても早く、日当たりと水はけがよければ乾燥した土地でもよく育ちます。冬の寒さには弱いので、寒い地方では鉢植えにして育てるのがおすすめです。また、過湿を嫌うので、梅雨時などは特に水の与えすぎに注意しましょう。本来大木になる性質なので、鉢植えなら1年に1回は春に大きな容器に植え替えるようにしましょう。常緑性で、葉はいつでも収穫できます。

ワームウッド
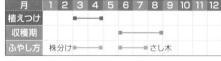
worm wood

強い刺激があるので食用には向きませんが、強力な防虫効果を生かして、煮出した汁を霧吹きで植物にかけ、病害虫対策に使えます。美しい銀葉はガーデンの縁取りにも最適です。

別名　ニガヨモギ
　　　アーテミシア
科名　キク科／多年草
開花期　6〜8月

日照　日当たりのよい場所
土　特に選ばない
水　乾燥が続いたら与える
利用部分　葉
効能・効用　虫下し、強壮

月	1	2	3	4	5	6	7	8	9	10	11	12
植えつけ			■——■									
収穫期						■——————————■						
ふやし方		■——株分け——■				■——さし木——■						

種からでも苗からでも、日当たりさえよければ土も選ばず、比較的かんたんに育てられます。種から育てる場合は、成育に従って順次間引き、株間が詰まりすぎないようにします。乾燥ぎみの気候を好むので、地植えならほとんど水やりは必要ありません。鉢植えのみ乾燥が続いたら与えるようにします。春に株分けするか、初夏にさし木してふやすことができます。他の植物と寄せ植えにすると、害虫を寄せつけにくくするのでおすすめです。

白花もかわいらしい

ワイルドストロベリー

wild strawberry

野いちごの名前でも親しまれています。乾燥葉のティーは腎臓や肝臓の機能を整える効果があるとされており、果実はそのまま生で食べたり、ジャムなどにして利用します。また、花と実は寄せ植えにも人気です。

別名　ヨーロッパクサイチゴ
　　　エゾヘビイチゴ
科名　バラ科／多年草
開花期　3〜6月、9〜10月

日照　日当たりのよい場所
土　水はけのよい土
水　土の表面が乾いたらたっぷり与える
利用部分　葉・果実
効能・効用　腎機能の正常化、肝機能の正常化、胆石

月	1	2	3	4	5	6	7	8	9	10	11	12
植えつけ				■——■								
収穫期			■——————■									
ふやし方			■——株分け							■——株分け		

日当たりと水はけがよく、肥えた砂質の場所を好みます。種子または苗で、リン酸を多く含む肥料を元肥にします。株間30cmほどで地面に植え、土を乾燥させないよう、土の表面が乾いたらたっぷりと水を与えます。春には白やピンクのかわいい花を咲かせます。ランナー（這って伸びるつる）を出して広がりやすく、伸びすぎたところはときどき切ってやるとよいでしょう。鉢植えなら根づまりする前に、株分けして植え替えましょう。

日本のハーブ

一般的にハーブとよばれるものは海外原産のものが多いのですが、日本でも古くから薬効や効能を利用して親しまれてきたハーブもたくさんあります。すべてが必ずしも日本原産ではありませんが、国内で利用された歴史の深いものを紹介します。

▌アイ

科名	タデ科
開花時期	7～8月
利用部分	全草
草丈	50～70cm

効能・効用
解毒、解熱など

特徴と利用方法
藍染めの原料としても親しまれていて、開花前の地上部分を数回発酵させて青色の染料にしたり、しぼり汁は虫さされなどに利用できます。

育て方のポイント
日当たりと水はけのよい場所であれば、かんたんに育てることができます。

▌アカザ

科名	アカザ科
開花時期	7～10月
利用部分	若葉・若い果実
草丈	60～150cm

効能・効用
下痢止め、滋養強壮、歯痛、虫刺され、健胃

特徴と利用方法
草丈は約1.5mにもなります。若葉はおひたしや和え物として食べられます。葉をつぶして虫さされの湿布にもします。

育て方のポイント
比較的乾燥した土壌を好みますが、あまりやせた土地では育ちません。

▌アケビ

科名	アケビ科
開花時期	4～5月
利用部分	果実・つる
草丈	5m以上

効能・効用
月経不順、肝炎、尿道炎

特徴と利用方法
山地などで他の植物に巻き付いて自生しています。秋になると実が熟して裂け、中にある果肉を食用にします。果肉はゼリー状で白く、甘みがあります。

育て方のポイント
山中に自生します。日当たりがよく、水はけの良い土地を好みます。

▌アサツキ

科名	ネギ科
開花時期	6～7月
利用部分	全草
草丈	30～50cm

効能・効用
滋養強壮、食欲増進、切り傷

特徴と利用方法
海岸・土手・山地などに自生します。ネギよりも小型で、ネギと同様、葉を薬味として利用できます。

育て方のポイント
日当たりと水はけの良い、砂質の土地で栽培できます。

▌アマチャ

科名	ユキノシタ科
開花時期	5～7月
利用部分	全草
草丈	70～150cm

効能・効用
健胃など

特徴と利用方法
葉に砂糖の約1000倍もの甘味があり、甘味料として利用されたり、漢方薬に甘みをつけたりするのに利用されます。またステビアと同様に低カロリーなので、ダイエット甘味料として、また糖尿病の予防にも利用されています。

育て方のポイント
水はけのよい場所を好みます。乾燥にやや弱いので、水やりに注意します。

▌イカリソウ

科名	メギ科
開花時期	4～5月
利用部分	葉
草丈	30～60cm

効能・効用
強壮、強精、疲労回復、美容、食欲改善

特徴と利用方法
花弁が船のいかりのようなかたちをしていることから、イカリソウの名がつきました。葉を煎じたり粉末にして、強壮の薬として使われます。

育て方のポイント
多湿にすると根が傷むので気をつけましょう。鉢植えよりも地植えに向いています。

ウメ

科名	バラ科
開花時期	2〜3月
利用部分	果実
草丈	3〜10m
効能・効用	
かぜ、食欲増進	

特徴と利用方法

古くから花も実も親しまれています。梅干しや梅酒などの他、花も早春の風物詩として人気です。

育て方のポイント

日当たりと水はけをよくし、肥えた土で育てるようにします。

エゾミソハギ

科名	ミソハギ科
開花時期	8〜9月
利用部分	全草
草丈	60〜120cm
効能・効用	
下痢止めなど	

特徴と利用方法

開花期の全草を乾燥させて煎じ、ハーブティーとして飲めば下痢止めなどに期待できます。

育て方のポイント

湿地や田畑のふちなどに自生しており、日当たりと湿地を好みます。おもにさし芽でふやせるので、自生しているものから栽培してもよいでしょう。

オオバコ

科名	オオバコ科
開花時期	4〜10月
利用部分	全部
草丈	10〜50cm
効能・効用	
せき止め、解熱	

特徴と利用方法

道ばたにも多く自生し、春から秋にかけて白い穂状の花を咲かせます。乾燥させたものを煎じて、せき止めの薬として用います。

育て方のポイント

繁殖力が強く、日当りのよい場所なら放っておいても十分育ちます。

カキドオシ

科名	シソ科
開花時期	4〜6月
利用部分	全部
草丈	1〜4m
効能・効用	
糖尿病、虚弱体質	

特徴と利用方法

茎は、はじめはまっすぐですが開花するとつるとなって長く伸びます。全草を刈り取って乾燥させ、煎じて糖尿病の薬にします。

育て方のポイント

やや湿った半日陰を好みます。つるが長くなるので、地植えより鉢植えが良いでしょう。

カタクリ

科名	ユリ科
開花時期	4〜5月
利用部分	花、若葉、鱗茎
草丈	10〜15cm
効能・効用	
強壮、切り傷、湿疹など	

特徴と利用方法

花、若葉、鱗茎などを、天ぷらやお吸い物などにして食べることができます。また鱗茎からは片栗粉がとれることで有名です。さまざまな料理に利用されます。

育て方のポイント

植えつけ後、早春から葉が枯れるころまで水を切らさないように管理して、その後は乾燥ぎみに管理します。

ガマ

科名	ガマ科
開花時期	6〜8月
利用部分	雄花の花粉
草丈	150〜200cm
効能・効用	
止血、循環器機能改善、利尿など	

特徴と利用方法

ガマ、コガマ、ヒメガマの3種類があり、雄花の花粉を中国漢方として利用されています。ただし、子宮を刺激する作用があるといわれているので、妊娠中の使用は控えます。

育て方のポイント

湿地のような場所を好んで成長します。水切れに注意しましょう。

カラスノエンドウ

科名	マメ科
開花時期	3〜6月
利用部分	全草、果実
草丈	60〜100cm

効能・効用
胃炎など

特徴と利用方法
開花中の草をまるごと、あるいは果実を乾燥させて胃炎などのときに煎じて飲みます。

育て方のポイント
日当たりのよい場所を好んで成長します。

カワラナデシコ

科名	ナデシコ科
開花時期	7〜10月
利用部分	種子
草丈	50〜70cm

効能・効用
月経不順など

特徴と利用方法
種子を煎じ、むくみがあるときや、月経不順などのときに飲むとよいでしょう。

育て方のポイント
日当たりのよい場所を好んで成長します。河原や道端などに自生している植物なので、丈夫で育てやすい植物です。

キキョウ

科名	キキョウ科
開花時期	7〜9月
利用部分	根
草丈	50〜100cm

効能・効用
去痰、鎮咳、
のどの腫れなど

特徴と利用方法
昔から漢方薬として親しまれており、根は咳止めなどの薬として利用されました。しかし毒性もあるので、一般の使用はおすすめできません。

育て方のポイント
春か秋に種をまくか、大きくなった根を掘り上げ、株分けして育てるとよいでしょう。粘土質の土を好む、丈夫な植物です。

ギョウジャニンニク

科名	ユリ科
開花時期	6〜7月
利用部分	全草
草丈	30〜50cm

効能・効用
滋養強壮

特徴と利用方法
山で修行する行者（ぎょうじゃ）が食べたといわれています。ニンニクのような香りが特徴で、おひたし、天ぷら、炒め物などにして食用にします。

育て方のポイント
涼しい気候の山野などに自生します。北海道などで栽培されることも。

クズ

科名	マメ科
開花時期	7〜9月
利用部分	根
草丈	10〜20cm

効能・効用
風邪、解熱など

特徴と利用方法
根からとれるでんぷんが「クズ粉」で、さまざまな料理で親しまれています。また、花には強い芳香があるので、ポプリの材料としても人気です。

育て方のポイント
土を選ばず、種からかんたんに育てることができます。つる性でどんどん伸びるので、トレリスなどに誘引しながら育てるとよいでしょう。

クスノキ

科名	クスノキ科
開花時期	5〜6月
利用部分	枝葉、幹
草丈	10〜30m

効能・効用
防虫など

特徴と利用方法
非常に高く育つ常緑樹。10〜11月に果実がなりますが、食用には適しません。枝葉や幹からは防虫剤である樟脳（しょうのう）の原料が取れます。

育て方のポイント
暖地性の樹木のため、日当たりのよい場所を好み、強い風や寒さを嫌います。

ゲンノショウコ

科名	フウロソウ科
開花時期	7～9月
利用部分	全草
草丈	30～60cm

効能・効用
下痢止め、便秘、
冷え性、高血圧予防など

特徴と利用方法
漢字で「現の証拠」と書き、飲むとすぐ効くという意味に由来するといわれます。昔からまるごと干して、下痢止めや冷え性などの民間薬として利用されました。

育て方のポイント
種まきからかんたんに育てられますが、非常に繁殖力おう盛なので、雑草化しないように管理が必要です。葉が込んできたらしっかり間引くようにしましょう。

コブシ

科名	モクレン科
開花時期	3～4月
利用部分	全草
草丈	70～200cm

効能・効用
鼻炎、蓄膿など

特徴と利用方法
開花前のつぼみを乾燥させ、刻んだものを漢方薬として利用できます。鼻づまり、鼻炎などの鼻の諸疾患に効果が期待できます。

育て方のポイント
やや湿り気のある土に有機質肥料を与えて植えつけます。とても丈夫なので、植えつけたら手間はかかりません。花が終わったらすぐに枝を剪定して整理しましょう。

サクラ

科名	バラ科
開花時期	2～5月
利用部分	葉・皮
草丈	3～25m

効能・効用
せきどめ、できもの

特徴と利用方法
野生種のヤマザクラや栽培種のソメイヨシノなど多くの種類があり、美しい花が咲くことで知られます。樹皮を咳止めの薬として用いることがあります。

育て方のポイント
根が浅く広く広がるため、土が固くない、広い土地を好みます。夏場の乾燥が苦手です。

サンショウ

科名	ミカン科
開花時期	4～6月
利用部分	全草
草丈	3～5m

効能・効用
駆虫など

特徴と利用方法
実を乾燥させ、香辛料として、ウナギの蒲焼き、佃煮などに、また、若葉は料理の彩りや食用などに利用します。

育て方のポイント
種から育てるよりも苗木から育てた方がかんたんでおすすめです。比較的肥えた土を好むので、元肥を十分与えてから植えつけましょう。

シラン

科名	ラン科
開花時期	5～6月
利用部分	球茎
草丈	30～70cm

効能・効用
鎮痛、健胃、収れんなど

特徴と利用方法
球茎を消炎や収れんなどに利用します。また止血効果も期待でき、乾燥させた球茎を煎じたものを飲むとよいでしょう。

育て方のポイント
湿度の高い場所を好んで成長しますが、乾燥にも比較的強いです。しかし夏の直射日光で葉焼けを起こすこともあるので、注意が必要です。

スギナ

科名	トクサ科
開花時期	3～4月
利用部分	全草
草丈	20～50cm

効能・効用
泌尿器の感染、
収れんなど

特徴と利用方法
若いツクシは、アクをぬいてお吸い物などに、ツクシが枯れたあとのスギナはハーブティーとして利用したり、フェイシャルスチームに利用したりできます。

育て方のポイント
繁殖力おう盛なので、放っておいても育ちますし増えていきます。逆に雑草化しないように随時、間引いて調整しましょう。

©Tauno Erik

■セリ

科名	セリ科
開花時期	7〜8月
利用部分	葉、球茎
草丈	30〜70cm

効能・効用
神経痛、リウマチ、
健胃、解毒、風邪予防、
貧血防止など

特徴と利用方法
鍋に入れる香味野菜。葉をてんぷら、おひたし、ごま和えなどに、根はきんぴらなどにするのもおすすめ。葉をきざんで布袋などに入れ、入浴剤がわりにしても。

育て方のポイント
湿度の高い場所を好んで成長します。半日陰（はんひかげ）で育てる方が葉がやわらかくなります。山菜狩りなどで楽しむ場合はドクゼリと群生している場合があるので、注意しましょう。

©haluu

■センブリ

科名	リンドウ科
開花時期	9〜11月
利用部分	全草
草丈	10〜25cm

効能・効用
健胃、肝臓障害、
消化不良、腹痛など

特徴と利用方法
センブリを乾燥させ、ハーブティーにして飲めば消化不良や食欲不振に効果があるといわれていますが、かなり苦みがあります。

育て方のポイント
半日陰で湿り気のある土を好みますが、土壌や環境が適していないとなかなか栽培しにくい植物です。植え替えを嫌うので、種まきは直まきで行います。

©titanium22

■チャ

科名	ツバキ科
開花時期	10〜4月
利用部分	葉、茎
草丈	1〜10m

効能・効用
動脈硬化、解毒、
成人病など

特徴と利用方法
緑茶、紅茶、ウーロン茶などの原料です。葉を蒸して酵素の働きを止めて作る緑茶、完全に発酵させて作る紅茶、半分だけ発酵させて作るウーロン茶などがあります。さまざまな発酵方法で、さまざまなお茶が作られています。

育て方のポイント
苗木またはさし木で育て始めます。気候などの条件の違いで、風味が若干変わってきます。

©titanium22

■ツユクサ

科名	ツユクサ科
開花時期	6〜9月
利用部分	全草
草丈	30〜60cm

効能・効用
湿疹、かぶれ、解熱、
下痢止めなど

特徴と利用方法
昔は花の汁が染色に利用されましたが、おもに開花期のものを乾燥させ煎じて飲めば、解熱や下痢止めに効果があるといわれます。乾燥させて入浴剤などにも。

育て方のポイント
とにかく日当たりのよい場所に植えつけます。水やりは土の表面が乾いたら与えます。放っておいてもよく育ちますが、雑草化しないように間引いて整理しましょう。

■トウガラシ

科名	ナス科
開花時期	7〜10月
利用部分	果実
草丈	60〜80cm

効能・効用
発汗、体脂肪消化、
防虫など

特徴と利用方法
香辛料として古くから親しまれています。赤く熟した果実を、さまざまな方法で料理に利用することができます。お米などを保存するときに一緒に入れておくと防虫効果もあります。

育て方のポイント
5月くらいに苗を購入し、日当たりのよい肥沃な土に植えつけます。成長にしたがって支柱を立てるとよいでしょう。

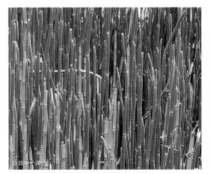
©田中十洋

■トクサ

科名	トクサ科
開花時期	7〜8月
利用部分	全草
草丈	50〜70cm

効能・効用
利尿、解熱、
下痢止め、止血など

特徴と利用方法
スギナの仲間です。草をまるごと乾燥させ、ハーブティーにして飲むと、解熱や下痢止めなどに効果が期待できます。

育て方のポイント
半日陰（はんひかげ）で管理するようにします。乾燥にはある程度耐えますが、極端に乾燥すると枯れることがあるので、土が乾いたら水を与えるようにしましょう。鉢植えの場合は水を与えすぎると根腐れを起こすので、与えすぎに注意します。

ドクダミ

科名	ドクダミ科
開花時期	5～7月
利用部分	葉、茎
草丈	70～150cm

効能・効用
解毒、抗菌、整腸、便秘、高血圧など

特徴と利用方法

ドクダミは昔から民間薬として親しまれています。独特のにおいがあるので、ハーブティーなどにする場合はハチミツなどを混ぜたりして飲みやすくしてもよいでしょう。他にも入浴剤や化粧水として利用されることが多いようです。

育て方のポイント

自生するほど丈夫で、かんたんに育てることができます。雑草化させないように適度に間引いて整理する必要があります。

ハス

科名	スイレン科
開花時期	8月
利用部分	全草
草丈	2～2.5m

効能・効用
便秘、血行促進、高血圧、ダイエット効果、美肌効果など

特徴と利用方法

根茎、種子などを食用に利用します。またハスのハーブティーは健康飲料として知られ、美肌やダイエット効果が期待でき、血行促進、高血圧にも効果があるといわれます。

育て方のポイント

日の当たる池などに固形肥料をばらまいて育てます。50～60cm以上の深さなら鉢でも育てることができます。水が腐らないように注意し、2～3年に1回は根を株分けしてふやします。

ハッカ

科名	シソ科
開花時期	7～9月
利用部分	全草
草丈	30～80cm

効能・効用
解熱、健胃、消炎、発汗、駆虫

特徴と利用方法

全草に強い香りがあり、お菓子の香りづけや日用品、医薬品など広く利用されます。ハッカ油を結晶させたものをハッカ脳と言い、香料として使います。

育て方のポイント

繁殖力がおう盛なので、プランターなどで育てるとよいでしょう。やや湿った場所を好みます。

ネムノキ

科名	マメ科
開花時期	6～7月
利用部分	小枝、葉
草丈	5～10m

効能・効用
打ち身、ねんざ、利尿、肌荒れ、強壮、鎮痛など

特徴と利用方法

小枝と葉を乾燥させ、手荒れなどの外用薬として利用されています。さらにねんざなどにも効果があるといわれています。

育て方のポイント

春に水もちのよい土に植えつけ、乾燥しないように管理します。2～3月に細かい枝を軽く剪定するとよいでしょう。

ハスカップ

科名	スイカズラ科
開花時期	4～5月
利用部分	果実
草丈	1～3m

効能・効用
老化防止など

特徴と利用方法

ドリンクに利用されるほど栄養価の高いハーブとして知られます。果実は酸味が強く、シャーベットやアイスクリームなどの加工品に使われるほか、ジャムなどにも利用されます。

育て方のポイント

涼しい気候を好みます。1株だけだと実ができにくいので、育てるときは数株一緒に植えつけるとよいでしょう。11～2月に小さく細い枝を刈りとり、太く丈夫な枝は残します。

フキ

科名	キク科
開花時期	3～5月
利用部分	若い花芽、葉の柄
草丈	30～70cm

効能・効用
せき止めなど

特徴と利用方法

早春のころ出る若い花茎(フキノトウ)をお吸い物や天ぷらにして食べることができ、昔から親しまれています。また葉の柄は煮物や佃煮、漬物などに利用されます。

育て方のポイント

半日陰の湿った場所に根茎を植え込みます。繁殖力おう盛で比較的かんたんに育てることができますが、逆にふえすぎて、雑草化させないように注意しましょう。

┃ミツバ

科名	セリ科
開花時期	6〜7月
利用部分	全草
草丈	30〜60cm

効能・効用
消炎、解毒、血行促進

特徴と利用方法
ビタミンCやカルシウムが豊富で、野菜として広く用いられます。株元を5cmほど残して刈り取れば、何度も収穫できます。

育て方のポイント
半日陰を好みますが、暗すぎるとひょろひょろとした姿になります。種まきから発芽までは、乾燥させないよう注意してください。

┃ミョウガ

科名	ショウガ科
開花時期	6〜10月
利用部分	花茎
草丈	60〜150cm

効能・効用
健胃、疲れ目

特徴と利用方法
ショウガ科で、葉はショウガの葉に似ています。日本特有の香辛料で、夏から秋にできる花の蕾を「花ミョウガ」といい、食用とします。

育て方のポイント
性質は強健で、多少の日陰でも良く育ち、湿った場所を好みます。分割した地下茎を植えてふやします。

┃ムラサキ ツメクサ

科名	マメ科
開花時期	5〜8月
利用部分	花
草丈	20〜50cm

効能・効用
せき止め、去痰（きょたん）

特徴と利用方法
葉の表面に白い模様が有るものも有り、夏に赤紫色の丸い花をつけます。花はドライフラワーにしたり、ハーブティーにするとせきやたん、便秘などに効果があります。

育て方のポイント
日当りがよい場所ならかんたんに育てられます。繁殖力が強いので、プランターなど限られた場所で育てましょう。

┃ユキノシタ

科名	ユキノシタ科
開花時期	5〜7月
利用部分	葉
草丈	20〜50cm

効能・効用
はれもの、しもやけ、やけど

特徴と利用方法
紫色のランナーを地面をはわせて長く伸ばし、ところどころに芽を出して繁殖します。やけどのときなどに葉をもんで皮膚につけると効果があります。天ぷらなどで食用もできます。

育て方のポイント
ランナーをだして育った子株から育てることもできます。寒さや日陰に強いですが、強い光や乾燥には弱いので注意しましょう。

┃ヨモギ

科名	キク科
開花時期	9〜10月
利用部分	葉
草丈	60〜120cm

効能・効用
腰痛、腹痛など

特徴と利用方法
若葉をヨモギもちなどのさまざまな和菓子に利用したり、葉を乾燥させて綿毛だけを集めたものを、お灸のモグサとして利用したりします。

育て方のポイント
地下茎でどんどん繁殖するので、放っておいても大丈夫なハーブです。山野などによく自生しているので、幼苗を、根に土を少しつけたまま持ち帰って移植するのがかんたんです。

┃ワサビ

科名	アブラナ科
開花時期	4〜5月
利用部分	茎、葉、鱗茎（りんけい）
草丈	15〜40cm

効能・効用
解毒、食欲増進、消臭など

特徴と利用方法
葉、茎を佃煮や漬物にしたり、根茎はすりおろして、寿司、刺身、そばなどの香辛料として幅広く利用できます。日本では和食の香辛料として昔から親しまれているハーブです。

育て方のポイント
水の貯められるプランターを用意し、表土から2cmほどの水位を維持して管理します。家庭では水の循環が難しいので、きれいな水を維持するように水替えを定期的に行います。

ミニ野菜

ハーブは多くのものがプランターで手軽に育てられますが、同じようにかんたんに育てられるミニ野菜もおすすめ。香りの強いハーブと一緒に育てることで、防虫効果も期待できます。

イチゴ

©ronaldlee

フルーツとして広く親しまれているイチゴはビタミンCが豊富で、花もかわいらしく、家庭でもかんたんに栽培できます。その歴史は古く、石器時代から食べられていたといわれています。

科名　バラ科
原産地　北アメリカ
栽培適温　10〜15℃
連作　1年は不可

月	1	2	3	4	5	6	7	8	9	10	11	12
植えつけ									●—●			
収穫				●—●								

育て方

秋に苗を購入しますが、茎が太く葉が大きいものを選びましょう。元肥を与えて15〜20cm間隔で苗を植えつけ、たっぷりと水を与えます。日当たりのよい場所で育て、土が乾かないように水を与え、11月下旬と3月上旬に固形肥料で追肥します。枯れた葉はかきとり、開花期には土の表面にワラなどを敷いて汚れと腐敗を防ぎましょう。花が咲いた午前中には、筆などにおしべの花粉をつけてめしべにつけ、受粉させます。5〜6月ごろには赤く熟したものから収穫できます。収穫後、親株がランナー（つるのような枝）を伸ばすので、これをポットやプランターに根づかせて切り離し、ふやすことができます。

エダマメ

ビールのおつまみや日々のおかずに大人気のエダマメは、タンパク質やカルシウム、ミネラルが豊富で健康にもよいとされます。実もの野菜の中では育てやすく、プランターでも比較的栽培しやすい野菜です。

科名　マメ科
原産地　東アジア
栽培適温　20〜25℃
連作　2〜3年は不可

月	1	2	3	4	5	6	7	8	9	10	11	12
種まき				●—●								
収穫							●—●					

育て方

市販のプランター用土が便利ですが、土の酸性を嫌うので、普通の土を使う場合は苦土石灰を混ぜて中和します。元肥は控えめに与え、特にチッソ分は少なくします。20cm間隔で3〜4粒ずつ種をまき、3cmほどの深さに土をかけます。発芽して本葉が2〜3枚になったら順次間引き、1か所2株ずつ残します。乾燥を非常に嫌うので、水やりは忘れずに。草丈が20cmくらいになったら、株元に固形肥料を与え、30cmくらいになったら株元に土を寄せて倒れないようにします。本葉が5〜6枚になったら頂上を切りとり、わき芽を出させると収穫量がふえます。実ができて、サヤがふくらんできたら収穫できます。

コマツナ

コマツナは栽培もかんたん、ビタミンAやC、カルシウムなどの栄養素も豊富で、さらに連作もできるという、プランターで育てるのには最適な野菜です。また、種まきも真冬以外はいつでも可能です。

科名　アブラナ科
原産地　日本
栽培適温　15〜20℃
連作　可

月	1	2	3	4	5	6	7	8	9	10	11	12
種まき			●—————————————————————————●									
収穫	●			●						●		●

育て方

真冬を除いていつでも種まきできますが、秋まきにすると育てやすく、さらに葉が厚くなっておいしいものができます。市販の培養土を入れて元肥を与え、種をバラまきにするか、10cm間隔のすじまきにします。その後ごく薄く土をかけて水をそっと与えます。発芽して本葉が2〜3枚になったら、形の悪いものや成育の悪いものから順次間引いていきます。このとき間引いたものもおひたしなどに利用できます。その後、成育を見て液肥を与えながら育て、最終的には5〜6cm間隔になるように間引き、草丈が15〜20cmくらいになったら収穫できます。夏は寒冷紗で日よけ、冬はビニールハウスなどで防寒するとよいでしょう。

サニーレタス

サニーレタスはレタスの仲間ですが、レタスよりも暑さ寒さに強く、また結球（葉が球のように密集すること）もしないので、より作りやすくプランターでの栽培に向いています。サラダナなども作り方は同じです。

科名　キク科
原産地　ヨーロッパ
栽培適温　15〜20℃
連作　1年は不可

月	1	2	3	4	5	6	7	8	9	10	11	12
種まき			●—————●					●—————●			
収穫				●—————●					●—————●		

育て方

種の発芽率があまり高くないので、一日水に浸けてからガーゼにくるみ、2日くらい冷蔵庫に入れておくと発芽しやすくなります。培養土に元肥を混ぜ、1か所4〜5粒ずつ、15cm間隔でまき、ごく薄く土をかけてそっと水を与えます。その後発芽するまでは、乾燥しないように新聞紙をかぶせます。10日ほどで発芽するので、成育の悪い苗を間引いて3本立てにします。本葉が3〜4枚のころ、1本立てにして育てます。間引いた後は薄い液肥を与えましょう。日なたで育て、乾燥しないように水を与えます。本葉が12〜15枚になったら株元から切って収穫しますが、外側の葉を少しだけかきとって利用することもできます。

シュンギク

鍋ものやおひたしに欠かせないシュンギクは、春まきも秋まきもできてプランターでも比較的育てやすい野菜です。ビタミンやカロチン、カルシウムなどが豊富で、春にはキクに似た黄色い花も楽しめます。

		科名	キク科
原産地	地中海沿岸
栽培適温	15 ～ 20℃
連作	2 年は不可

月	1	2	3	4	5	6	7	8	9	10	11	12
植えつけ			●━━━●					●━━━●			
収穫				●━━●					●━━━●		

育て方

種は、一昼夜水に浸けると発芽しやすくなります。市販の培養土に元肥（もとごえ）を混ぜ、10cm 間隔で 2 列にすじまきにします。ごく薄く土をかけてそっと水を与え、発芽するまでは乾燥しないように新聞紙をかけておきます。10 日ほどで発芽しますが、その後は成長に合わせて、葉と葉が重ならないように間引いていきます。1 回目は発芽したとき、2 回目は本葉が 2 ～ 3 枚のころ、3 回目は本葉が 5 ～ 6 枚のころです。間引きのつど液肥で追肥し、最終的には株間（株と株の間）（えきひ）を 10 ～ 15cm 間隔にします。草丈が 15cm くらいになったら、下の方の葉を 4 ～ 5 枚残して、先端を摘んで収穫します。その後わき芽が伸びて次々と収穫できます。

タマネギ

ビタミンやミネラルが豊富な健康野菜のタマネギは、熱を加えると甘味が出て、さまざまな料理で親しまれています。体を温める効果もあり、最近では血液をサラサラにする効能も注目されています。

©mer de glace

		科名	ユリ科
原産地	中近東～インド
栽培適温	15 ～ 20℃
連作	2 ～ 3 年は不可

月	1	2	3	4	5	6	7	8	9	10	11	12
種まき									●━●		
収穫					●━━●						

育て方

種まきの時期が重要で、早すぎても遅すぎても収穫に影響するので、9 月の中旬ごろがベストです。種は 5 ～ 6cm 間隔のすじまきにし、ごく薄く土をかけて水を与えます。発芽して草丈が 10cm くらいになったら 3 ～ 5cm 間隔に間引き、草丈が 20 ～ 25cm でエンピツの太さくらいになったら、プランターに植え替えます。元肥（もとごえ）をしっかりと与えた培養土にあらかじめ根が入る穴をあけて、10cm 間隔で浅く植えつけます。冬、霜で根が浮いてきたら、手でおさえて戻しましょう。防寒には、ワラや刈り草を敷くのも効果的です。5 月ごろには球が肥大するので、固形肥料で追肥し、地上の葉が倒れてきたら収穫できます。

チンゲンサイ

チンゲンサイは中国野菜の中でもっとも有名で、暑さ寒さに強く、ほとんど一年中作れます。栄養もビタミンC、カロチン、カリウム、カルシウムが豊富で健康によい野菜としても親しまれています。

		科名	アブラナ科
原産地	中国
栽培適温	15 ～ 20℃
連作	不可

月	1	2	3	4	5	6	7	8	9	10	11	12
植えつけ			●━━━●				●━━━●			
収穫	●			●━●				●━━━━●		

育て方

プランターに市販の培養土を入れ、指先で種をまく溝を作ります。10cm 間隔で 2 すじが目安で、溝にそって種をまいて土を軽くかけ、手で軽くおさえてそっと水を与えます。種まき後 4 ～ 5 日で発芽しますが、チンゲンサイは発芽率がとてもよいので間引きが必要です。本葉が 1 ～ 2 枚になったころから混み合ったところを随時間引き、本葉が 5 ～ 6 枚になったら 10cm 間隔で、1 か所 1 株になるようにしましょう。このとき間引いたものも利用できます。成育状態を見ながら液肥を与え、土の表面が乾いたときは水を与えます。株元の白い部分が直径 5cm ほどに肥大し、草丈が約 15cm になったら収穫できます。

ニラ

滋養強壮の野菜として知られるニラは、野菜には珍しい宿根草（しゅっこんそう）で、4 ～ 5 年連続して収穫できます。カロチンやビタミン類、カルシウムが豊富で、疲労回復やスタミナ増進、整腸（せいちょう）などの効能もあります。

©Starr Environmental

		科名	ネギ科
原産地	中国西部
栽培適温	15 ～ 20℃
連作	可

月	1	2	3	4	5	6	7	8	9	10	11	12
種まき			●━━●							
収穫				●━━━━━━━━━━●			

育て方

最初に苗を育ててからプランターに植え替えます。種は 10cm 間隔ですじまきにし、土を軽くかけて水を与え、発芽するまで新聞紙をかけておきます。草丈 10cm ほどで間引き、2 ～ 3cm 間隔にして草丈が 20 ～ 30cm になるまで育てます。夏にていねいに掘り上げ、5 ～ 6 本をまとめてプランターに植えつけます。その後は土の表面が乾いたら水を与え、成育を見て液肥（えきひ）で追肥します。収穫は翌年の春まで待ち、葉が 20 ～ 25cm になったら、株元を 2 ～ 3cm 残して切りとります。その後また芽が伸び、年に 4 ～ 5 回収穫できます。収穫後は液肥を与えましょう。4 ～ 5 年たった株は質が落ちるので、株分けして更新します。

ニンニク

買うと高いニンニクも自分で栽培すれば経済的です。ふだんニンニクとして食べているのは、土中で育つ茎の部分（鱗茎）。秋に球根（種球）を購入して植えつけ、翌春に収穫します。

科名	ユリ科
原産地	諸説あり
栽培適温	15～20℃
連作	2～3年は不可

月	1	2	3	4	5	6	7	8	9	10	11	12
植えつけ									■―			
収穫					■―							

育て方

園芸店などで、傷がなく質のよいものを選び、種球の皮をむいて、ひとつずつ小片にはずし分けます。プランターに元肥と培養土を入れ、深さ5cmの穴を掘り、芽を上にして15cm間隔で植えつけます。土をかけ、たっぷり水を与えたら、2～3日日陰で管理します。発芽して芽が10cmくらいになったら、根元を掘って、分球した小さい方の芽をとり除き、土を寄せます。春になると花茎が伸びてきます（トウ立ち）。トウ立ちすると球の肥大が遅れるので、早めに摘みとり液肥で追肥しましょう。葉が黄色くなりはじめたら収穫適期。根元を掘ってみて球が大きくなっていたら、晴れの日に収穫しましょう。

パセリ

ベランダなどで手軽に育てて、ちょっとつまんで食卓へ…というときに便利なのがパセリ。とても育てやすく、ビタミン、カルシウム、カリウムが豊富で、胃を健康にしたり、解熱や利尿効果もあります。

科名	セリ科
原産地	地中海沿岸
栽培適温	15～20℃
連作	2年は不可

月	1	2	3	4	5	6	7	8	9	10	11	12
植えつけ			■――									
収穫				■――――								

育て方

市販の苗から育てるのがかんたんで、プランター1つにつき2～3株を植えつけ、たまに水を与える程度で十分です。種から育てる場合は、種を一晩水に浸けておくと発芽しやすくなります。10cm間隔で1か所10粒ずつ種をまき、ごく薄く土をかけて水をたっぷり与え、発芽するまで新聞紙をかけておきます。どんどん繁殖するので、成長に合わせて随時間引きましょう。発芽後1か所5株ほどに、本葉が2～3枚で1か所2～3株に、本葉が5～6枚で1か所1株にするのが目安です。乾燥を嫌うので、株元にはワラなどを敷くとよいでしょう。また、土が乾かないようにします。本葉が10枚くらいで随時収穫できます。

葉ネギ

ネギには白い部分を食べる根深ネギと、緑の葉を食べる葉ネギがありますが、プランターの場合、土寄せしなくてよい葉ネギが作りやすいでしょう。仲間のアサツキ、ワケギなどもほぼ同じ育て方でできます。

科名	ネギ科
原産地	中国西部
栽培適温	15～20℃
連作	不可

月	1	2	3	4	5	6	7	8	9	10	11	12
植えつけ			■―				■――					
収穫					■――				■――			

育て方

種は、ばらまきにするか10cm間隔のすじまきにします。まいた後は薄く土をかけてそっと水を与え、発芽するまで新聞紙などをかぶせます。種まき後7～10日で発芽し、本葉が出始めたら混んでいるところを間引き、発芽後約1か月で株間（株と株の間）が1～2cmになるようにします。間引きのつど液肥で追肥しましょう。草丈約20cmで、7～8本をまとめて1株として、プランターに5株を目安に植えつけます。その後は成育を見て、株間に固形肥料を与えます。大きくなったら根元に土を寄せて支えますが、この部分は根深ネギのように白くなります。草丈が40～50cmくらいになったら、株ごと引き抜いて収穫します。

ホウレンソウ

各種ビタミン、鉄分、ミネラルが豊富で、栄養の宝庫ともいえるホウレンソウ。種まき時期に合った品種を選べば一年中作ることができます。種を秋まきにすると、作りやすく栄養価も高くなります。

科名	アカザ科
原産地	西アジア
栽培適温	15～20℃
連作	1～2年は不可

月	1	2	3	4	5	6	7	8	9	10	11	12
種まき			■――						■―――			
収穫					■―					■―――		

育て方

種はあまり発芽率が高くないので、一晩水に浸けておき、ガーゼなどで水を切って包み、ビニール袋に入れて冷蔵庫で少々保管しておきます。少し芽が出たらその状態の種をまきます。培養土に元肥を混ぜて、種を10cm間隔のすじまきかばらまきにします。土を1cmほどかけて水をたっぷりと与え、乾燥しないように新聞紙をかけておきます。成長にしたがって液肥か固形肥料で追肥し、本葉が2～3枚のころ、本葉が4～5枚のころに、それぞれ葉と葉が重ならない程度に間引きます。最終的には、株間（株と株の間）を10cm間隔にしましょう。草丈が15～20cmくらいになったら、株元から包丁などで切って収穫します。

ミズナ

鍋の具やあえもの、漬け物、サラダなど、近年老若男女を問わず大人気の葉もの野菜です。臭みのない淡白な味わいとシャキシャキとした葉ざわりを楽しみます。京都ではキョウナともよばれます。

科名	アブラナ科
原産地	日本
栽培適温	15〜20℃
連作	1年は不可

月	1	2	3	4	5	6	7	8	9	10	11	12
植えつけ									■	■		
収穫										■	■	■

育て方

種まきは秋に、水はけのよい培養土に元肥を与えてすじまきにします。種が流れないようにそっと水を与え、3〜4日で発芽します。その後本葉が2〜3枚になってきたら、混み合ってきたところを間引きます。葉が6〜7cm以上になったら、再度密なところを間引きます。この間引き菜も利用できます。葉が20cmほどにもなれば本格的な収穫期です。水を切らさないようにし、土の表面が乾いたら水やりを兼ねて液肥を与えます。十分に育ったものは、葉がやわらかいうちに随時引き抜いて収穫。主に冬場に収穫しますが、霜が降ると葉が傷んでしまうので、朝晩は室内に入れるか、容器をビニールなどで覆いましょう。

ミニトマト

ミニトマトは小さくかわいらしい実をたくさんつけるトマトで、ビタミンAやC、ミネラルが豊富です。普通のトマトよりも小型なのでプランターでも育てやすく、とりたての新鮮な味が楽しめます。

科名	ナス科
原産地	南米アンデス地方
栽培適温	25〜30℃
連作	2〜3年は不可

月	1	2	3	4	5	6	7	8	9	10	11	12
種まき				■	■							
収穫							■	■	■			

育て方

市販の苗から育てるのがかんたんです。濃い緑色で茎が太く、節と節の間が短いものがよい苗です。水はけのよい培養土に、チッ素分がやや多い肥料を元肥にし、標準プランターなら2本の苗を植えつけて、たっぷりと水を与えて日なたで育てます。同時に支柱を立てて、茎をヒモでしばって誘引します。葉のつけ根から出てくるわき芽は、早めに摘みとりましょう。土の表面が乾いたら水を与え、週に1回液肥で追肥します。下から5〜6段ほど花房（実のできる房）がついたら、その上の葉を2〜3枚残して摘みとり、栄養が実の方へいくようにします。1房に4〜5個ずつ残して切り落とし、実が十分に赤くなったら収穫OKです。

■摘芯のポイント… 花房の上の葉を、2〜3枚残して摘みとります。

ラッキョウ

独特の歯ざわりと風味で、おつまみやおかずとしておなじみのラッキョウ。実をよく洗って熱湯をかけて冷まし、密閉ビンに入れて酢と氷砂糖を加え、半年ほどおけばおいしいラッキョウ漬けができます。

科名	ユリ科
原産地	中国
栽培適温	15〜20℃
連作	可

月	1	2	3	4	5	6	7	8	9	10	11	12
植えつけ								■	■			
収穫				■	■	■						

育て方

秋に、水はけのよい土に控えめに元肥を与え、種球を1かけずつに分けて、10cm間隔に植えつけます。2〜3週間で芽が出るのでそのまま育て、冬越しの前と春の芽出し前には液肥で追肥します。乾燥させすぎると枯れるので、冬の間も適度に水を与えましょう。翌年6月ごろに葉が枯れたら収穫適期で、種球1個あたり7〜10個にふえます。仲間のエシャロットは、秋に植えつけた後、地下部を白くやわらかくするため、10〜11月には株元に土を大きく寄せて育て、翌年の早春から春には収穫できます。花ラッキョウとして楽しみたい場合は、翌々年まで待ってから収穫しますが、種球1個が30個以上にもふえます。

ラディッシュ

ラディッシュは「二十日ダイコン」の別名でもよばれるように、収穫がとても早く、形や色もさまざまで、かんたんに作れるという、まさにミニ野菜の優等生です。栄養も、ビタミン類などが豊富です。

科名	アブラナ科
原産地	ヨーロッパ
栽培適温	15〜20℃
連作	可

月	1	2	3	4	5	6	7	8	9	10	11	12
種まき			■	■	■			■	■	■		
収穫				■	■	■			■	■	■	

育て方

市販の培養土を用意し、種をばらまきにするか、6cm間隔のすじまきにします。その後薄く土をかけ、軽くおさえてから水を与えると発芽しやすくなります。本葉が2〜3枚になったら、混んでいるところを間引き、葉と葉が触れあわないくらいにします。また、葉がハート形なのはよい苗なので残すようにしましょう。最終的には、本葉が4〜5枚で株間を6〜7cmにします。ラディッシュは乾燥が苦手なので、土の表面が乾いたらすぐに水を与えましょう。また、週に1回は液肥を与えます。根の直径が2cmくらいになったら収穫できます。プランターの他、発泡スチロールの箱の底に穴をあけたものでも代用できます。

花

ハーブは単色のものが多いので、育てているとどうしても色味が欲しくなることがあります。そんな時には花がおすすめ。基本的には一緒に育てることができるので、緑に差し色を入れたい時などは、花と一緒に育ててあげると良いでしょう。

アキランサス
Alternanthera Ficoidea

別名 ツルノゲイトウ　テランセラ
分類 ヒユ科　**葉色** 黄　赤

| 日当たりの よい場所 | 水はけの よい土 | たっぷり |

植えつけ適期は9月で、観賞期は9〜10月になります。できるだけ暖かい日なたで育てます。冬越しはむずかしいので、夏に販売される苗を園芸店などで購入した方がかんたんに育てられます。肥料はやや控えめにし、成育が悪いときは液肥を与える程度にしましょう。5月にさし芽や株分けでふやすことができますが、寒さに弱く1年草扱いにします。数が少ないと見栄えがしないので、苗を購入するときは多めに購入するとよいでしょう。

アグロステンマ
Corn Cockle

別名 ムギセンノウ　ムギナデシコ
分類 ナデシコ科　**花色** 白　桃

| 日なた または 半日陰 | 水はけの よい土 | たっぷり |

©ProBuild Garden Center

地中海沿岸を原産とし、秋に種をまいて翌年の春に花を楽しむ1年草です。植えつけ適期は4〜6月で、開花期は5〜6月になります。日本では以前は切り花として親しまれていました。とても丈夫で育てやすく、土の質は選びません。また、日当たりと水はけがよければよく育ち、追肥もとくに必要ありません。1年草ですが、花壇に植えればこぼれた種から発芽して、毎年花が楽しめます。ふやすときは9〜10月に種まきを行うとよいでしょう。

アスター
China Aster

別名 エゾギク　サツマギク　**原産地** 中国北部
分類 キク科　**花色** 黄　白　紫　赤　桃　青

| 日当たりの よい場所 | 水はけが よく有機質 の多い土 | ふつう |

さまざまな品種があるアスター。一般的にアスターと呼ばれるものは宿根草のものをさしますが、カリステフス属の1年草も外見が似ていることからこの名前で呼ばれています。ギリシャ語で「美しい冠」という意味でその名の通り、花びらが美しい冠状に整った形が魅力の花です。

＊種まき　一般には3〜6月ごろの春まきですが、寒さに強いので暖地では秋まきでも育てられます。＊植えつけ　園芸店で初夏に花つきのよい苗を購入して育てられますが、種まきからでもかんたんにできます。＊肥料と手入れ　元肥に有機肥料を十分に与えて植えつけ、花が終わるまでは月に4〜5回の液肥を与えます。＊病害虫　ウイルス性の病気にかかりやすいので薬剤をこまめにまきましょう。

▲間引きして株間を調節。主枝が太く直立するタイプは15cm、枝が分かれる枝打性は25〜30cm。

アゲラタム
Floss Flower

別名 カッコウアザミ　**原産地** 熱帯アメリカ
分類 キク科　**花色** 白　紫　桃

| 日当たりの よい場所 夏は半日陰 | 水はけ・ 水もちの よい土 | たっぷり |

©藤田三保子

茎の先に紫色のユニークな花を咲かせます。開花期が長いので、ギリシャ語で「不老」の意味をもちます。花色はどれもパステル調の控えめな雰囲気で、フサフサとしたかわいい小花が人気。寄せ植えや花壇、鉢植え、切り花などに利用されます。

＊種まき　3〜4月に種が小さいので箱まきかポットまきにします。好光性なのでごく薄く覆土し、底面吸水させます。＊植えつけ　横に広がって育つので、密に植えないで株間を20〜30cmとりましょう。
＊肥料と手入れ　元肥としてリンサンやカリ分の多い緩効性肥料を与えます。その後はチッソ分の少ない固形肥料を2か月に1回追肥として与えます。水やり時は花や葉に直接水がかからないようにしましょう。＊病害虫　ハダニに注意します。薬剤で防除しましょう。

月	1	2	3	4	5	6	7	8	9	10	11	12
植えつけ												
開花期												
ふやし方				種まき					さし芽			

アリッサム
Sweet Alyssum

別名 ニワナズナ　**原産地** 地中海沿岸
分類 アブラナ科　**花色** 白　紫　桃

| 日当たりの よい場所 | 水はけの よい土 | たっぷり |

©migikata

花期が長く丈夫で育てやすいアリッサム。枝先に4弁の小花をびっしり咲かせるこの花は、1、2年草の中でももっとも小さい花を咲かせるものの一つです。草丈は10〜15cmほどですが、花が咲いた茎を切り戻すとどんどん次の花を咲かせます。

＊種まき　9〜11月が適期。寒冷地では3月下旬〜5月の春まきにします。移植を嫌うので直まきがおすすめ。＊植えつけ　直根性なので根を傷めないように注意します。15〜20cmの間隔で植えます。＊肥料と手入れ　緩効性肥料を元肥として控えめに与え、開花中は月に3回1000倍液肥を与えます。＊病害虫　アブラムシやヨトウムシがつくので薬剤を散布します。

▲春に花が終わった後、結実させないために5cmくらいに切り戻しすると秋にまた花が咲く。

アサガオ
Japanese Morning Glory

別名 ケゴシ　原産地 熱帯アジア
分類 ヒルガオ
花色 白 紫 赤 桃 青 混

日当たりの
よい場所

水はけ・
水もちの
よい土

たっぷり

夜明け前に開花して、お昼にはしぼんでしまう一日花です。英名の「モーニンググローリー（朝の栄光）」もこの咲き方からつけられました。日本へは、奈良時代に中国から薬用として持ち帰ったことが初めといわれ、江戸時代には観賞用として定着し、園芸用として栽培がはじまりました。

青花種

紫花種

「ヘブンリーブルー」

「マリンブルー」

白花種

紅花種

POINT

あんどん仕立ての作り方

波線の部分で摘芯し、×印のある部分のわき芽もかきとる。

つぼみの数が一番多いつるを残し、それ以外は全て根元から切りとる。

つるの伸びに応じてあんどんの支柱にからませていくが、自分の好きな形にしたいときは、つるを操作して巻きつけていく。

*種まき
アサガオの種は堅いので、1晩水につけて吸水させてから、種をまくと、発芽がよくなります。種は3～5cm間隔で点まきにし、1cmほど覆土するとよいでしょう。

*植えつけ
水はけと水もちのよい場所に元肥として緩効性肥料を与えて植えつけます。地植えなら株間（株と株の間）を20cmほどあけ、鉢植えなら5号鉢に1株を目安にしましょう。

*肥料と手入れ
元肥を与えて植えつけた後は、花が咲くまで10日に1回ぐらい1000倍に薄めた液肥で追肥します。水は朝と夕方の涼しいうちにたっぷりと与えます。長く伸びた茎は、支柱やフェンスにからませて誘引するとよいでしょう。元肥、追肥ともに、チッソ分は少なめに与えます。

*病害虫
アブラムシとハダニが発生します。アブラムシは葉をこするようにしてつぶします。ハダニは水やりのとき、葉裏にもかけて予防します。または薬剤を散布して防除しましょう。

*メモ
本葉が6～7枚のころ、一番上の芽を摘みとり、わきから出たつるの方に花を咲かせるようにします（図参照）。こうすることで花が咲いたときの花姿がよくなります。

月	1	2	3	4	5	6	7	8	9	10	11	12
植えつけ												
開花期												
ふやし方					種まき							

インパチェンス

Busy lizzy

別名 アフリカホウセンカ　原産地 熱帯アフリカ
分類 ツリフネソウ科
花色 橙 白 紫 赤 桃

日なた
から
半日陰　水はけ・
水もちの
よい土　たっぷり

微妙に異なる色彩が揃うので、グラデーションにして楽しむのも素敵です。こぼれ種からもよくふえ、繁殖力おう盛でとても育てやすく、半日陰でもよく育ちます。熟した果実はすぐに種を弾いてしまうため、ラテン語で「我慢できない」の意味をもちます。

©solent66
「ニューギニアインパチェンス」

＊種まき
発芽適温が、20〜25℃と比較的高めなので、十分暖かくなってから種まきします。ピート板などにばらまきますが、覆土は必要ありません。葉が触れ合う程度になったら、ポットに移植して管理します。

＊植えつけ
水はけと水もちのよい土に元肥として緩効性肥料を与えて植えつけます。地植えなら株間30cmほどあけて植えつけます。鉢植えなら5号鉢に1株を目安にします。

＊肥料と手入れ
とても丈夫なので、日なたでも半日陰でも育ちますが、高温と乾燥にはやや弱いので、夏は半日陰に移動させ、それ以外は日なたで育てます。水切れにならないように、特に夏は1日2回ほど与えるとよいでしょう。また、花の咲く期間が長いので、月に1〜2回、1000倍に薄めた液肥を与え、花がらもこまめに摘みます。

＊病害虫
ナメクジが発生します。見つけ次第捕殺するか、薬剤で防除します。

＊メモ
夏の終わりに、大きくなった株を切り戻し、固形肥料で追肥します。こうするとまた秋に花を咲かせます。さし芽なら、種まきよりもかんたんにふやせます。

©タキイ種苗
「テンポスカーレット」

©タキイ種苗
「テンポピンク」

月	1	2	3	4	5	6	7	8	9	10	11	12
植えつけ												
開花期												
ふやし方		種まき							さし芽			

コスモス

Cosmos

別名 アキザクラ オオハルシャギク 原産地 メキシコ
分類 キク科
花色 橙 黄 白 紫 赤 桃

日当たりの よい場所 | 水はけの よい土 | ふつう 鉢植え のみ

秋の風情の代名詞ともなったコスモスは、もともと日が短くなると咲く短日植物でしたが、昨今では早咲き種も開発されています。花色も豊富で、寄せ植えにしたり、花壇に植えてもよいでしょう。茎が細く弱々しいイメージとは裏腹に、丈夫で育てやすいのも人気である理由のひとつです。

©naitokz

赤花種

白花種

桃花種

黄花種

©タキイ種苗
「ピコティ」

©タキイ種苗
「センセーション」

*種まき

種まきの適期は4〜7月です。あまり早くまきすぎると育ちすぎるので、秋に花を咲かせるものは7月ごろに種まきするとよいでしょう。緩効性肥料を元肥として与え、基本的に花壇や鉢に直接種をまく直まきにし、成長して込み合ってきた部分を間引きしながら育てます。地植えなら20〜30cmほど株間をとり、2〜3粒ずつ種をまいていきます。種まき時期をずらせば、より長い期間花が楽しめます。

*肥料と手入れ

水やりは種まきの前後で十分です。鉢植えなら、土の表面が乾いたらたっぷり水を与えましょう。葉が4〜6枚のとき、茎の先端を摘むとわき芽が出て花がふえます。特に成長の悪いとき以外は、肥料は必要ありません。

*病害虫

アブラムシの被害にあいます。葉をこするようにしてつぶすか、薬剤を散布して防除しましょう。

*メモ

園芸店などで出回った苗を購入して植えつける場合は、十分な緩効性肥料を元肥として与え植えつけ、咲き終わった花を早めに花茎から摘みとるようにすると、比較的長い間花が楽しめます。

月	1	2	3	4	5	6	7	8	9	10	11	12
種まき				●			●					
開花期								●			●	
ふやし方				●			種まき					

POINT

秋に花が倒れてしまう場合

成育おう盛のため、秋に開花するころには、草丈が1〜2mにもなり、バランスが悪くなることがある。その解決策として、種まき時期を遅らせて、7月ごろにまく、植えつけ後約2週間で、本葉6〜8枚のころ摘芯する、50cmくらいに成長したら支柱を立てて支えてやるなどが有効。

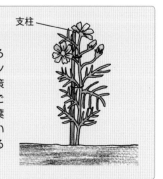
支柱

トルコギキョウ

Russell Prairie Gentian

別名 ユーストマ　リシアンサス　**原産地** 北アメリカ
分類 リンドウ科
花色 黄 白 紫 桃 青 混

| 日当たりの よい場所 | 水はけの よい土 | 乾燥ぎみ |

トルコ人のターバンが名前の由来といわれていますが、トルコ原産の花という訳ではなく、北アメリカ原産の1年草です。上品な雰囲気で、日本でも人気の高い花です。切り花用に持ち込まれた花ですが、最近では、草丈の高い切り花用の他に、矮性種の鉢花用も出回っています。

*植えつけ　水はけのよい土に元肥を与えて植えつけ、日当たりのよい場所で管理します。*肥料と手入れ　夏の暑さには強いのですが、土がいつも湿っていると根が腐りやすいので、水は土の表面が十分に乾いてから、花に直接当たらないように与えます。また、梅雨時期は雨が直接当たらないように、軒下かベランダに移動させましょう。2か月に1回ほど固形肥料を与えます。開花期には月に2〜3回、1000倍に薄めた液肥を与えると次々に花を咲かせます。*病害虫　過湿で風通しの悪い状態が続くと立ち枯れ病が発生することがあります。発病すると対処法がないので、株を抜きとって処分します。アブラムシなどの害虫が発生した場合は、薬剤を散布して防除しましょう。*メモ　春と秋には種をまいて育てられます。秋まきの場合、冬越しは室内で行いましょう。

「シャララ ピンク」

「バレオピンク」

「ボヤージュ」

「ミンク」　　「ハートフル」　　紫花種

月	1	2	3	4	5	6	7	8	9	10	11	12
植えつけ												
開花期												
ふやし方				種まき					種まき			

トレニア

Blue Wing

別名 ナツスミレ　**原産地** 東南アジア
分類 ゴマノハグサ科
花色 黄 白 紫 桃 青 混

| 日なた または 半日陰 | 水はけの よい湿り気 のある土 | たっぷり |

「ナツスミレ」とも呼ばれている通り、スミレに似た花を咲かせます。他の花と混植しなくても、花色が豊富なので、十分に楽しめます。寄せ植えやハンギングバスケットの素材としてもぴったり。よく枝分かれしてこんもりと茂る品種もあれば、横に這うように広がるほふく性の品種もあります。

*種まき　種はとても小さく発芽温度が25℃と高いので、5〜7月までに箱まきにして苗を育てます。*植えつけ　十分に暖かくなってから、苗を植えつけます。*肥料と手入れ　元肥を十分に与えて植えつけ、週に1回程度、液肥を与えるようにしましょう。日当たりのよい場所で育てますが、半日陰でもよく育つほど丈夫です。また、乾燥させすぎないように、土の表面が乾きかけたらたっぷりと水を与えます。手入れはほとんど必要ありませんが、8月ごろ、5〜6cmに切り戻すと、より花を多く咲かせることができます。上手に切り戻せば、晩秋までとかなり長く花が楽しめます。*メモ　地植えなら春にこぼれ種から発芽して育ちますが、種がとても細かいので、箱まきにして苗を作ってから植えつけると上手に育てられます。

「クラウンバーガンディ」

「サイクロン」

宿根草の「コンカラー」

「バイロニー」

月	1	2	3	4	5	6	7	8	9	10	11	12
植えつけ												
開花期												
ふやし方							種まき					

ナデシコ

Pink

別名 ダイアンサス セキチク **原産地** 中国、ヨーロッパ
分類 ナデシコ科
花色 白 紫 赤 桃 紅 混

日当たりの
よい場所

水はけのよい土
土の酸性を嫌う

乾燥ぎみ
鉢植え
のみ

秋の七草のひとつとしても古くから親しまれているナデシコ。寒さに強く頑丈で育てやすい花ですが、とても可憐な花を咲かせます。この事から強く美しい女性の代名詞としてナデシコの名が使われることがあります。鉢植えでも花壇でも手軽に楽しめるので、はじめての方にもおすすめ。

©photogirl7.1

「ベルフィー」

「ミーティア」

山野草の「カワラナデシコ」

宿根草の「フジナデシコ」

©タキイ種苗
「初恋」

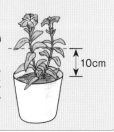
「テルスター」

＊種まき
種が細かいので、ピート板などにばらまきして発芽させます。発芽したら新しいピート板に植え広げていきます。本葉2〜3枚でポットに移植します。用土は市販の培養土を使いましょう。

＊植えつけ
水はけのよい土に元肥として緩効性肥料を与えて植えつけます。地植えの場合、土の酸性を嫌うので、植えつける前に苦土石灰をまいて、土の酸性を中和してから植えつけるようにしましょう。このとき株間は20〜30cmほどとりますが、高性種はもう少し広めにとるとよいでしょう。鉢植えなら、6号鉢に3株を目安にします。

＊肥料と手入れ
開花期間がとても長いので、10日に1回ほど1000倍に薄めた液肥を追肥します。水は地植えなら植えつけるときだけ、鉢植えでも土が完全に乾くまでは必要ありません。寒さには強いのですが、梅雨時期の高温多湿には弱いので、蒸れないように花がらはこまめに摘みとりましょう。

＊病害虫 比較的発生しにくいです。

＊メモ
春と秋にはさし芽や種まきでかんたんにふやすことができます。種を秋にまく場合は苗で冬越しすることになるので、室内の暖かい場所で管理するか、防寒対策をしっかり行います。

月	1	2	3	4	5	6	7	8	9	10	11	12
植えつけ												
開花期												
ふやし方				種まき・さし芽					種まき・さし芽			

POINT

花を長く楽しむために

夏に草丈の半分（地上から10cmが目安）くらいまで切り戻すと、秋からまた花が楽しめる。花が摘みは品種に応じて適切な方法で行う。花首の長いタイプはわき芽の上で切るようにし、房咲きのタイプは、咲き終わった花をそのつど摘むようにする。

10cm

パンジー／ビオラ

Pansy/Viola

別名 サンシキスミレ コチョウソウ **原産地** 北ヨーロッパ、西アジア
分類 スミレ科
花色 橙 黄 白 紫 赤 桃 青 緑 混 黒

日当たりの よい場所
水はけの よい土
たっぷり 水切れに 注意

パンジー／独特な形の花を咲かせるパンジーは、秋から冬、春にかけて欠かすことのできない花です。さまざまな品種があり、最近では季節を問わず花を咲かせます。
ビオラ／パンジーの小型種で、多花性。ほぼ同様に育てることができます。

パンジー

©kanonn

ビオラ

＊種まき
発芽適温は20℃前後です。残暑が去った9月ごろにピート板などにばらまき、発芽までは涼しい日陰で1週間ほど管理しましょう。本葉が出はじめるころに移植して、5〜6枚になったら植えつけましょう。

＊植えつけ
水はけのよい土に元肥として緩効性肥料を与えて植えつけます。園芸店などに出回る苗を購入する場合は、葉色のよい、茎がしっかりとしたものを選び、根が回りすぎている場合は、根鉢（根とそのまわりの土）を少しハサミで切り落としてから植えつけるとよいでしょう。

＊肥料と手入れ
土の表面が乾いたらたっぷりと与え、切らさないようにします。肥料は鉢植えの場合、月に2〜3回液肥を与えます。地植えなら、月1回ほど固形肥料を与えましょう。花がらをこまめに摘めば、より長く花を楽しむことができます。

＊病害虫
アブラムシ、ヨトウムシ、菌核病などの被害にあいます。アブラムシなら葉をこするようにしてつぶし、ヨトウムシなら、見つけて捕殺します。薬剤を散布して防除してもよいです。

月	1	2	3	4	5	6	7	8	9	10	11	12
植えつけ												
開花期												
ふやし方									種まき			

POINT

アブラムシ防除の心得

アブラムシは花壇でも鉢植えでも発生するが、軒下やベランダ、ビニールハウスの中など、雨の当たらない暖かいところには特に多く発生する。花びらや葉の裏、新芽などについてどんどん株を弱らせていくので、防除が必要。薬剤で防除するのが一般的だが、アブラムシを食べてくれる益虫まで殺しかねないので、むやみに散布は禁物。例えば、テントウムシはアブラムシを捕食し発生を抑制してくれる虫。このように天敵などを自然界の協力を得て対処するためにも、でたらめな薬剤の使用は控えよう。

こまめな花がら摘みで長く花を楽しむ

寒さに強いので、冬でもできるだけ屋外で育て、霜が直接当たるようになったら、軒下などに移動する。幼苗期の水不足はその後の成育が悪くなるので注意。また、花後の花がらをこまめに摘みとると花つきがよくなる。

ベニバナ

Sufflower

別名	サフラワー　スエツムハナ	原産地	ヨーロッパ、アジア
分類	キク科		
花色	橙　黄　赤		

日当たりの　よい場所　／　水はけのよい土　土の酸性を嫌う　／　たっぷり

種子がサラダ油などの原料となっています。また、花を摘んで乾燥させたものが、染料や着色料として利用されています。花は茎ごとドライフラワーに利用されたり、乾燥させた花は風邪などに効果があるハーブティーになるといわれています。

©CGWF

*種まきと植えつけ　秋に種をまくと初夏に開花して秋に枯れ、春に園芸店などで購入した苗を植えると夏に開花して秋に枯れます。土の酸性を嫌うので、種まきする場合は、種まき前に苦土石灰をまいて、土の酸性を中和しましょう。

*肥料と手入れ　日当たりと水はけのよい場所で、堆肥などを元肥にします。その後は月に1回ほど、固形肥料を株元に与えて追肥します。乾燥を好むので、水は植えつけ時にたっぷり与える程度で十分育ちます。　*病害虫　アブラムシの被害にあいます。見つけたら葉をこするようにしてつぶすか、薬剤を散布して防除しましょう。　*メモ　花がらをこまめに摘むようにしましょう。そうすることで長い期間花が楽しめますし、病害虫の予防にもなります。種からかんたんにふやせます。

丸葉赤花種

丸葉黄花種

「カルタムス」

月	1	2	3	4	5	6	7	8	9	10	11	12
植えつけ												
開花期												
ふやし方				種まき						種まき		

ペンタス

Egyptian Star Cluster

別名	クササンタンカ	原産地	熱帯アフリカ
分類	アカネ科		
花色	白　紫　赤　桃		

日当たりの　よい場所　／　水はけの　よい土　／　たっぷり

ペンタスはサンタンカに似た1年草で、「クササンタンカ」とも呼ばれます。最近鉢花としても人気があります。赤や紫、白など色とりどりの星形の愛らしい花をたくさん咲かせます。手まりのような形にすっきりとまとめると、かわいらしくなります。

©田中十洋

*植えつけ　園芸店などに出回る苗を購入し、植えつけて育てるのが一般的です。地植えの場合は株間30〜40cm、鉢植えの場合は5号鉢に1株が目安です。水はけのよい土に元肥を与えて植えつけます。

*肥料と手入れ　植えつけ後はできるだけ日当たりのよい場所で育て、土の表面が乾いたらたっぷりと水を与えます。夏は毎日水やりをするようにしましょう。一度水不足になりしおれた花でも、すぐに水を与えれば復活します。次々と絶え間なく花が咲くので、夏から秋にかけての開花期間は、2か月に1回は固形肥料で追肥しましょう。暑さには強いですが、寒さに弱く冬に枯れてしまいます。本来は宿根草なので、冬越しする場合は室内にとり込んで管理しましょう。　*メモ　夏と冬には草丈を3分の1程に刈り込みます。少しずつ切り、手まり形に整えてみましょう。

「グラフティ　ローズ」

「ノーザンライト　ラベンダー」

「湘南コメット」

「ライカピンク」

花後は枝を半分ほどに切り戻すと、また花が楽しめます。

月	1	2	3	4	5	6	7	8	9	10	11	12
植えつけ												
開花期												
ふやし方				さし芽								

マトリカリア *Feverfew*

別名 ナツシロギク　フィーバーフュー　原産地 西アジア
分類 キク科　花色 白

日当たりの よい場所　水はけの よい土　乾燥ぎみ

©ARTESANIAFLORILE

「フィーバーフュー」の名前で、ハーブとしても親しまれるマトリカリアは、かわいらしい白花が人気です。また、個性的な香りをもち、病害虫を寄せつけない効果も期待でき、婦人病を緩和させる効能もあるとされます。

＊種まきと植えつけ　とても丈夫で種からでもかんたんに育てられます。日当たりと水はけさえよければ、特に手入れなどは必要ありません。種まきは秋がおすすめで、元肥を与えて水はけのよい土にまきます。
＊肥料と手入れ　水と肥料は控えめにし、特に地植えの場合は放っておいても大丈夫なほどです。多湿に弱く、根腐れをする場合があるので、水やりは控えめにし、乾燥ぎみになるよう、土の表面が乾いてから水を与えるようにしましょう。＊メモ　宿根草の場合、根詰まりしやすいので、1〜2年に1回新しい用土とひと回り大きな鉢に植え替えましょう。

月	1	2	3	4	5	6	7	8	9	10	11	12
植えつけ				●					●			
開花期						●───●						
ふやし方			●─種まき					●─種まき				

ムラサキハナナ *Orychophragmus*

別名 ショカツサイ　ハナダイコン　原産地 中国、東アジア
分類 アブラナ科　花色 紫

日なた または 半日陰　水はけの よい土　ふつう 鉢植え のみ

春が始まると同時に、各地の野原をかわいい紫色の花を咲かせるムラサキハナナ。ナノハナの仲間で、日本の気候にも合っているので、各地でも自生しているところを見かけます。とても育てやすく、種まきのあとは放っておいても毎年元気に育ちます。

＊種まきと植えつけ　とても丈夫でほとんど手がかかりません。乾燥や潮風にも強く、日なたでも半日陰でも十分によく育ちます。一度種をまいたり、植えつけたりすれば、毎年こぼれ種からどんどんふえて春に花が楽しめます。＊肥料と手入れ　植えつけの時に緩効性肥料を元肥に与えれば、後は特に必要ありません。水やりも地植えなら与えなくて大丈夫です。鉢植えの場合のみ、土の表面が乾いたら与えましょう。＊病害虫　アブラムシとアオムシの被害にあいやすいので、薬剤を散布して防除しましょう。

月	1	2	3	4	5	6	7	8	9	10	11	12
植えつけ		●───●										
開花期			●───────●									
ふやし方										●───●種まき		

マリーゴールド

Marigold

別名 クジャクソウ　センジュギク　マンジュギク
原産地 品種により異なる　分類 キク科
花色 橙 黄 赤 混

日当たりの よい場所　水はけの よい土　たっぷり

©ヨシキ

とても丈夫で育てやすく、秋の寂しげな花壇も華やかにしてくれます。濃いオレンジや黄色の、明るい雰囲気の花が親しまれています。植えると、他の植物の根につくセンチュウという害虫を駆除する効果があるので、野菜などといっしょに植えられることも。

＊種まき　4〜5月に箱まきにして、7〜8cm間隔のすじに2〜3粒ずつのすじまきにします。5mmほど土をかけ、たっぷりの水を与えます。丈夫な苗を残して間引き、本葉8〜10枚のころに摘芯して分岐させ、草丈10cm程度になったら植えつけます。＊植えつけ　株間20〜30cm程度を目安とします。鉢植えなら5号鉢に1株が目安。＊肥料と手入れ　元肥として緩効性肥料を与え、その後は月に2〜3回、1000倍に薄めた液肥で追肥します。水やりは土が乾いたらたっぷり与えましょう。＊病害虫　比較的発生しにくいですが、新芽にアブラムシやハダニが発生する場合があります。薬剤を散布して防除しましょう。＊メモ　品種によって暑さによって花が少なくなるときがあるので、一度株元から切り戻すと秋にまた花がふえます。

アフリカンマリーゴールド「ホワイトバニラ」

スプレーマリーゴールド

フレンチマリーゴールド「リトルハーモニー」

「レモンマリーゴールド」

夏にいったん花の盛りが過ぎたころ、先端を半分くらいに切り戻すとまた花がたくさん咲きます。

月	1	2	3	4	5	6	7	8	9	10	11	12
植えつけ					●							
開花期			●───────────────●									
ふやし方				●───種まき								

ミムラス

Monkey Flower

別名 ミゾホオズキ　原産地 北アメリカ
分類 ゴマノハグサ科
花色 橙 黄 赤 混

| 日当たりの | 湿り気の | |
| よい場所 | ある土 | たっぷり |

鮮やかな花色が多いミムラスは、花壇や鉢植えの素材としてよく利用されているようです。世界のさまざまな場所にいろいろな品種があり、現在150種ほどもあるといわれています。花の模様が少しずつ変化する特徴があるので、その様子も楽しめます。

©brewbooks

*種まきと植えつけ　種まきでもかんたんに育てられますが、園芸店で苗を購入し、植えつけて育てるのが一般的です。もともとの自生している場所は半日陰の湿地などが多いのですが、園芸品種は日当たりがよい場所を好みます。日当たりのよい場所で育てた方が、茎が伸びすぎず全体にバランスのとれた草姿になります。*肥料と手入れ　やや湿り気のある土に元肥を与えて植えつけた後は、月に1〜2回ほど液肥で追肥しましょう。与えすぎると葉が茂って花つきが悪くなるので注意します。あまり日差しが強すぎて水切れさせるとしおれてしまいます。土を乾燥させないように水やりは注意しましょう。*メモ　寒さには弱いので秋に種をまき、冬越しさせる場合は屋内にとり込んで管理するようにしましょう。

「マキシムアイボリー」　「ミスティック」
※サカタのタネ

白花種　　　　　　　赤花種

月	1	2	3	4	5	6	7	8	9	10	11	12
植えつけ			●―――●									
開花期					●――――――●							
ふやし方										●―●種まき		

メランポジウム

Melampodium

原産地 北アメリカ
分類 キク科
花色 黄

| 日当たりの | 水はけの | |
| よい場所 | よい土 | たっぷり |

まるで小さいヒマワリのような、かわいい黄色の花をどんどん咲かせるメランポジウム。最近では夏の花として、よく親しまれている花でもあります。日本の高温多湿にもとても強いので、初心者の方でも安心して育てられます。寄せ植えやハンギングなどにも大活躍です。

©Tukang Kebun

*種まきと植えつけ　種まきからでもかんたんに育てられますが、園芸店に出回る苗を購入し、植えつけて育てるのが一般的です。*肥料と手入れ　水はけのよい土に元肥を与えて植えつけ、日当たりのよい場所で管理します。高温多湿に強い反面、乾燥を嫌います。乾燥が続くと葉が枯れ込み、株の成育が悪くなります。土が乾きはじめたら、たっぷりと水を与えましょう。2か月に1回固形肥料を少なめに与え、伸びすぎた茎もときどき間引くようにします。花がらは特に摘む必要はありません。*病害虫　害虫はあまり見られませんが、アブラムシ、ハダニが発生することがあります。見つけ次第葉をこするようにしてつぶすか、薬剤を散布して防除しましょう。*メモ　種まきでかんたんにふやせます。

「パラダイス」
※タキイ種苗

「ミリオンゴールド」
※タキイ種苗

月	1	2	3	4	5	6	7	8	9	10	11	12
植えつけ					●――――――●							
開花期						●――――――――●						
ふやし方					●―――●種まき							

ハーブのある暮らし

監修・作品制作　折原陽子
（おりはらようこ）

さまざまな効能が期待できる
ハーブ。料理やハーブティーな
どに利用されるのをよく見ます
が、小物やコスメにも多く利用
されています。ここでは、サシェ
やリースなどのかんたんにでき
る小物から、マッサージオイル
やハンガリアンウォーターなど
のセルフケアコスメの作り方を
ご紹介します。自分で育てた自
然のハーブで、ちょっとぜいた
くな暮らしをしてみませんか。

┃キャンドル

静かな夜のリラックスタイムにほのかに香るハーブキャンドルを。

用意するもの
鍋、お湯、お好みのハーブ、パラフィン、ティースプーン、容器（パラフィンを溶かす用）、お好みの容器（ろうそくを固める用）、ろうそくの芯

作り方
1 鍋にお湯をわかし、パラフィンを容器に入れて湯煎で溶かす。
2 お茶パックにお好みのドライハーブを入れて、溶かしたパラフィンの中で10分ほど抽出する。このときスプーンで押しながらエキスを出すようにするとよい。
3 ろうそくの芯を置いたお好みの容器に、2を流し入れる。
4 すこし固まってきたら、お好みのハーブを上面に散らす。
　（作品はローズマリーとバラ）

サシェ

枕の下に忍ばせて安眠を誘ったり、衣類と共にしまい、移り香としても。

1

用意するもの
用意するもの　お好みのハーブ、すり鉢、スプーン、お好みの大きさにカットした不織布などの布、針、糸

2

ドライにしたお好みのハーブ（写真はラベンダー）を用意する。

3

ラベンダーの花を摘む。

4

ラベンダーの花をすり鉢で少し潰す。こうすることで、香りがより強くなる。

5

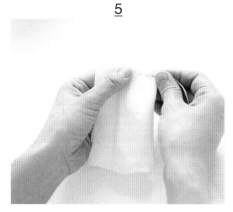

お好みの大きさにカットした布を袋状に縫う。

6

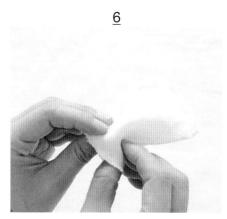

3辺のうち2辺を縫ったら、ひっくり返す。

7

ひっくり返したところ。

8

4のラベンダーを7の袋にスプーンでていねいに入れる。

9

口をしっかり縫い合わせて、できあがり

リース

空気浄化や虫除けにもなるので、窓辺や玄関などに飾ってもいいですね。

1

用意するもの
60cm 程度のお好みのハーブ（写真はオリーブ）、10cm 程度の飾り用の植物各種（写真は、ホワイトツリー（左）フェアリーピンク（上）ラゴディア（下）ユーカリの実（右））、枝きりばさみ（あれば可）、ワイヤー（長、短それぞれ10本程度）

2

オリーブを丸く形成していく。

3

ワイヤー（長）でしっかり固定する。このとき飾れるようにワイヤーを残すようにする。

4

ワイヤー（長）で、はみ出た部分も固定していく。

5

ワイヤーで固定して、丸くなったところ。

6

ハーブ各種をお好みに束ねてワイヤー（短）で固定する。このとき、ワイヤーを少し残すようにする。

7

6 を 5 セット作ったところ。

8

実際に 5 の土台に 7 を置いてみて、バランスを見る。

9

場所が決まったら、それぞれをワイヤー（短）で固定していく。このとき、根元のワイヤーが見えないように土台の葉の奥に固定して隠すようにつける。

10

すべてを固定したところ。

11

最後に束ねたドライの実を固定してあるワイヤーに差し込む。

12

できあがり。

リネンウォーター

ラベンダーはスチームミストとしてアイロンがけに、
布団や寝具を干すとき用の香りつけに。

1

用意するもの
お好みのハーブ（写真はラベンダー）、スプレービン、鍋、お湯

2

鍋に 400ml の水を入れて沸騰させ、火を止めてお湯が少し落ち着いたら、お好みのハーブを 30g 入れる。

3

ふたをし、10 分程度蒸らす。

4

ろうととコーヒーフィルターを使ってこし、抽出液を作る。

5

抽出液をスプレービンに入れる。

6

できあがり。

ハンガリアンウォーター

最古の香水、若返りの水とも呼ばれる多くの薬効のあるチンキ。
10倍に薄めて化粧水、体の痛みには2倍に薄めてすり込んだりして使います。

用意するもの
ウォッカ、お好みハーブ各種（写真はレモンピール（左上）ローズマリー（左下）ペパーミント（右下）ローズ（右上））、保存するビン、ティースプーン

作り方
1 お好みのハーブ各種を層になるように、一種ずつビンに入れていく。
2 ウォッカを 1 のハーブがひたひたになる程度入れる。
3 ふたをして、1 か月程度つけ込む。色が出てきたらできあがり。

マッサージオイル

体内から余分な水分や老廃物を排出する作用があり、むくみや肩こりにも効果的です。その他にも鎮静、保湿、発汗、抗菌作用に優れています。少量を体にすりこんで使います。

用意するもの

お好みのハーブ各種（写真はジュニパーベリー（左）、ローマンカモミール（右））、保存するビン

作り方

1　効能が期待できるお好みのハーブを植物オイルに浸し、日のあたる場所で2週間程度つけ込む。
2　一度古いハーブを取り出し、新しいハーブをさらに2週間つけ込んでできあがり。

ハーブバッグバス

ドライハーブを手軽に湯船で楽しめるアイテムです。
リラックス効果のあるハーブで作れば、
ひと味違ったバスタイムを楽しめます。

岩塩、お好みのハーブ（写真は
ドライローズ）、お好みの布袋

浸透性のある袋に、お好みのハーブと岩塩を入れて、できあがり。

タッジーマッジー

ハーブの花束は、贈る相手に豊かな香りと伝えたいメッセージを持つハーブを選び、
届けられるという素敵な意味を持ちます。その昔は手紙のような役割もあったそうです。

用意するもの
お好みのハーブ各種、麻のひも

作り方
届けたいメッセージをもつハーブを数種選んだら、
束にして根元を麻ひもで結んで、できあがり。

限られたスペースを有効に使う

限られた場所で楽しむためのコツ

多くのハーブは、できる限り日当たりと風通しの良い場所で育てることが基本になります。ベランダでは、つる性植物やハンギングを吊るして立体的に育てると空間を有効に使うことができます。また、1つの鉢で数種類の植物が育てられるストロベリーポットやカクタスポットなどを利用すれば、手軽に見栄え良く育てられ、楽しむ幅も広がります。小物やお気に入りアイテムで鉢を飾るのもおすすめです。手づくりのプランツマーカーを挿して個性あふれるオリジナルのコーナーをつくってみてはいかがでしょう。

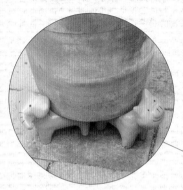

ユーモアあふれるポットフットは、水やりのたびに目がいきそう。

植物の隙間を活用して、オリジナルプランツマーカーやオーナメントを置くだけで育てるわくわく感が増してきます。

カクタスポットで作る

1

鉢底ネットを入れます。

2

水はけをよく、また重量を軽くするため、鉢底石のかわりにヤシのチップを入れます。ヤシのチップは2～3cmのものを使いましょう。

3

腐葉土（ふようど）を5mm程度、ふわっと入れます。後から入れる培養土がヤシチップの間の空気や水の通りをふさいでしまうのを防ぐ効果があります。

7

4

元肥（もとごえ）を入れます。

5

培養土を入れて混ぜます。

6

高さを考えながら苗のまわりを培養土で埋めていきます。

上に高く成長するカモミールを真ん中にして、左にローズマリー、右にタイム、前にイチゴを植えます。下に垂れるように成長するものはあまり上に持ってこないようにします。

ハーブの寄せ植えを楽しむ

寄せ植えは、コンパニオンプランツを考えたものや見た目を考えたものなど、いくつかあります。
コツは性質の似たもの同士を一緒に植えることですが、多くの場合、日当たりと水はけ、
風通しが良ければ大丈夫です。ハンギングバスケットに入れても楽しいでしょう。

1

今回はハーブを使った寄せ植えをします。材料は赤玉土(小粒)、培養土、元肥。メインのローズマリーのほかは、(写真左下から時計まわりに)イタリアンパセリ、ワイルドストロベリー、タイム、チャイブ、サラダバーネット。

2
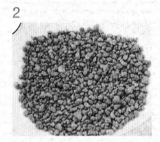
水はけをよくするため、容器の底が見えなくなるくらい赤玉土を入れます。

3

容器の半分くらいまで培養土を入れ、元肥を入れてよく混ぜます。

4

メインとなる直立性のローズマリーを、ポットから取り出して深さを調整します。

5

ほかのハーブの苗をメインのローズマリーのまわりに置いてみて、配置を決めます。

6

水はけがよくなるように深さを整えたら、ポットから苗を取り出して植えつけます。

7

苗と苗、苗と容器のすきまに土を入れます。水はけを良くするため、根元を少し高くします。

8

割りばしなどを使ってすきまの土をつつき、苗を安定させます。

9
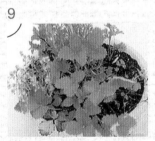
植えつけが終わったら水をたっぷり与えて、2〜3日の間、日陰に置きます。

10

日当たりと風通しのよい場所で育てます。土が乾いたら水をたっぷり与えましょう。必要な分だけ収穫し、ときどき伸びすぎた枝を整えます。開花期がすこしずつずれるので、葉を収穫しながら花を楽しめます。二年草のイタリアンパセリが枯れたら、ほかのハーブを植えてもよいでしょう。

コンパニオンプランツ

寄せ植えの場合、コンパニオンプランツを考えて寄せ植えする方法もあります。見た目を重視する場合は、葉形や葉色の異なる種類を合わせると鉢全体に動きが出てきます。また、コンパニオンプランツでハーブと野菜を寄せ植えする際、ハーブが野菜の成長を邪魔する場合もあります。そのようなときは、別々の鉢に分けて野菜を植えた鉢のとなりに置いておくだけでも虫除け効果はあるので、無理に寄せ植えしなくても大丈夫です。

病害虫の予防と対策

野菜やハーブ、とくに野菜を育てる上でどうしても避けられないのが、病害虫。何も対策をしないとせっかく育てた野菜を食べられたり、病気にかかって処分しなくてはいけなくなったりします。発生しやすい病気と害虫を知り、予防に努めましょう。

発生しやすい病気

病名	症状	予防	対策
ウドンコ病	葉や茎の表面が、粉をまぶしたように白くなる。カビが原因。	風通しをよくする。枯れ葉はこまめにとる。チッ素肥料を控える。	病気の部分はとり除く。水をかけると病原菌が破裂する性質があるので、病気にかかった葉を水で洗う。
灰色かび病	灰色のカビがつき、その部分から弱る。とくに花につく。	風通しをよくする。枯れ葉はこまめにとる。植えつけ時に株元を高くし、水はけをよくする。	病気の部分はとり除く。酢などの殺菌作用のあるものを散布。
黒点病	葉などに黒い斑点が発生する。カビが原因。	風通しをよくする。枯れ葉はこまめにとる。	病気の部分はとり除く。酢などの殺菌作用のあるものを散布。
立ち枯れ病	苗が枯れてしまう。土の中のカビが原因。	清潔な土を用いて育てる。枯れ葉などはこまめにとる。	被害を受けた株は抜きとり、木酢液などで土を殺菌する。
べと病	若葉に赤褐色の斑点が出て腐る。	風通しをよくする。茎や葉が土にふれないようにする。株元をわらなどで覆い、泥の跳ね返りを防ぐ。	病気の部分はとり除く。酢などの殺菌作用のあるものを散布。
軟腐病	株元などが腐って、溶けたようになる。	風通しをよくする。枯れ葉はこまめにとる。	発生した株は処分して、他の株への伝染を防ぐ。
モザイク病	葉や花にまだら模様ができたりする。	病気の株といっしょに育てない。媒介するアブラムシを駆除する。	発生したら株ごと抜きとり、周囲の土もとり除く。

主な害虫

害虫名	被害	予防	対策
アブラムシ	新芽や葉の裏に集まり、汁を吸う。ほとんどの植物に発生する。体長1mm程度。	風通しをよくする。葉や茎の裏側など風通しの悪い部分と新芽につきやすいので、よく見て早期発見に努める。	ハケなどではらい落とす。手でつぶす。
ハダニ	葉の裏に発生し、汁を吸う。被害を受けた葉は、色が抜け、かすれたようになる。	水やりのときに、ときどき葉の裏側を洗うようにする。乾燥しすぎに注意する。	葉の裏を洗い流す。
コナジラミ	白い羽のある小さな虫。葉の裏などに集まり、汁を吸う。体長2mm程度。	苗を購入するときによく確認する。ナスタチウムなどにはつかないといわれているので、近くに植えるとよい。	ハケなどではらい落とす。手でつぶす。
ハモグリバエ	幼虫が葉の中に入り込んで、食害する。被害を受けたあとは、白い線がつく。	苗を購入するときによく確認する。	被害を受けた葉はとり除く。幼虫を葉の上からとりはらう。
ケムシ・アオムシ	チョウやガの幼虫で、葉や新芽を食い荒らす。	植物の状態をよく観察し、卵があればつぶすかとり除く。	見つけ次第、割り箸などでつまんで、捕殺する。害虫が小さければ、つぶすか葉ごと処分する。
ヨトウムシ	夜活動して、葉などを食い荒らす。幼虫は葉の裏に、成虫は土の中に潜む。	予防は難しいが、植物の状態をよく観察し、食害されていないか確認して、早期発見に努める。	被害を見つけたら、夜活動しているところを割り箸などでつまんで捕殺する。
ナメクジ	夜活動して、葉などを食い荒らす。	鉢底網を徹底して、鉢底からの侵入を防ぐ。	被害を見つけたら、夜活動しているところを割り箸などでつまんで捕殺する。
コガネムシの幼虫	土の中に潜み、根を食害するので、地上部も弱ってくる。	清潔な土を用いて育てる。腐葉土や堆肥は品質のよいものを使う。	被害を見つけたら、割り箸などでつまんで捕殺する。
センチュウ	根に発生し、株を弱らせる。	同じ科の植物を、何年も同じ場所やプランターに植えない。	周囲の土ごととり除く。

天然素材で安全病害虫対策

農薬や殺虫剤を使えば、効果的に病害虫をふせぐことができますが、せっかく自分で育てるのであれば無農薬でつくりたいもの。ここでは身近な食品や植物などを使って作れる天然素材の薬材を紹介します。画期的な効果は期待できませんが、無農薬栽培には欠かせないものです。

食品を使ったナチュラル薬材

牛乳

晴天の午前中に、薄めずにそのまま霧吹きで葉にふきかけます。昼には乾燥し、アブラムシの呼吸する穴（気門）がふさがれ、窒息死させることができます。ただし膜が残らないよう、使用後はよく洗い流しましょう。

ビール

ナメクジ駆除に効果的なのがビール。ナメクジの出そうなところにビールを入れた小皿を置いておくと、においに引き寄せられて集まり、そこで捕殺できます。

酢

20〜50倍に薄めてふきかけます。レタスなどのように大きな野菜は濃いめに、コマツナなどのように小さな野菜は薄めにして使います。週に1回ほど散布すると、じょうぶに育ちやすくなります。

コーヒー

コーヒーをふきかけると、ハダニの防除に効果があります。砂糖が入っているものでも使えますが、なるべく濃いものが効果的です。インスタントコーヒーでもOK。

タマゴのカラ

タマゴのカラを砕いて地表に敷いておくと、ネキリムシなど地中に潜む害虫が引っ掛かり逃げていきます。

植物を使ったナチュラル薬材

ニンニク

1球をほぐしてよくすりおろし、水1ℓを加えてガーゼでこし、5倍に薄めて霧吹きでふきかけます。ニンニクの臭いが害虫全般、べと病、さび病の予防に効果があります。

スギナ

よく生えている雑草です。乾燥したスギナ6gを水1ℓに入れて5分間沸騰させ、冷めたら粉せっけん5gを溶かしたものを混ぜ、ガーゼでこしてそのままふきかけます。ウドンコ病などに効果的です。

トウガラシ

赤くなったものでも、その前の青いものでも使えます。天日干しで保存するか、鷹の爪として売られているものを使います。

ドクダミ

生のドクダミを、フィルムマルチングのかわりに株元に敷いておくと、ネキリムシ、コガネムシなどのほとんどの害虫が葉の強い臭いを嫌って逃げていきます。

ビワの葉

ビワの葉約10枚を1.8ℓ（一升瓶）の焼酎に1か月漬けておきます。この液を3倍に薄めてふきかけると軟腐病の特効薬になります。ダイコンやキャベツの病気予防にも効果的です。

その他の素材を使ったナチュラル薬材

ストチュウ

酢と焼酎を混ぜたものをこうよびます。1ℓの水に酢30cc、アルコール35度の焼酎30を混ぜてふきかけます。酢による病害虫の防除効果と、焼酎による殺菌・消毒効果が同時に得られます。

木酢液

炭を焼いたときに出る煙を冷やして、液体にしたものをこうよびます。強い病害虫予防効果があります。家庭で作るのはとても大変なので、市販の木酢液を購入するのが便利です。

市販の安心薬剤

最近では、市販のものでも農薬を使わず天然成分で作られた、野菜やハーブにとって安心なものがふえてきました。また、室内などでは、直接植物にかけない虫よけなども手軽で便利です。

※こういった薬剤は、市販の化学農薬や殺虫剤と違い、ちょっと使ったくらいですぐに効果があらわれるものではありません。地道に毎日目をかけ、病害虫の早期発見・早期駆除につとめるのが一番です。また、いくら自然のものを使っているとはいっても、誤って目に入れたり、直接肌にふれて荒れたりかぶれたりしないようにしましょう。

薬剤についての基礎知識

薬剤は、決して危険なものではありません。正しく用いることで、私たちの花や野菜づくりを手助けしてくれる便利なものです。どのようなものがあるかを知り、取り扱う上での注意をおさえておきましょう。

薬剤の種類

薬剤には、病気を予防・治癒する「殺菌剤」、害虫を防除する「殺虫剤」、代表的な病気や害虫のどちらにも効果的な「殺虫殺菌剤」、雑草を駆除する「除草剤」、害虫などを寄せつけなくする「忌避(きひ)剤」などがあります。

●殺虫剤

種類	特徴	薬剤例
接触剤	散布してすぐに効果があり、薬品が残らないタイプ。また、毒性ではなく粘着性で害虫を窒息させる、環境に優しいタイプもある。	マラソン乳剤、スミチオン乳剤、ベニカXスプレー、園芸でんぷんスプレーなど
浸透移行性	葉や茎のなかに殺虫剤が入り、それを食べたり吸汁する害虫を駆除するもの。1か月程度効果が持続し、やがて薬剤成分は分解される。	オルトラン粒剤、モスピラン粒剤、ベストガード粒剤など
誘殺剤	ナメクジ、ヨトウムシ、ネキリムシなどとくに夜間に活動する害虫に効果のある薬剤。おびき寄せてそれを食べた害虫を駆除。	ナメトックスなど

●殺菌剤

種類	特徴	薬剤例
直接殺菌剤・保護殺菌剤	病原菌に直接作用して殺菌するタイプ。病斑などをもとに戻せるわけではない。発病前の予防薬としても使うことができる。	ダコニール1000、マンネブダイセンM水和剤など
浸透殺菌剤	成分が葉のなかに浸透して、病原菌をよせつけなかったり退治したりできる。カビが原因の病気に効果があるものが多い。	ベンレート水和剤、サプロール乳剤、トップジンMゾルなど
拮抗菌剤(きっこうきん)	細菌性の病気に効果のあるタイプ。抗生物質が細菌に作用して発生を阻止する。	マイシンS、ヤシマストマイ液剤など

●タイプいろいろ

種類	特徴	ポイント
エアゾール剤	噴射剤で噴射。そのまま使える。ベランダなど狭い範囲のほか、ポイント使いできる。	植物の至近距離から噴霧すると噴射剤の気化熱で植物を傷めることがあるので、かならず30cm以上離して使う。
スプレー剤	霧吹きで噴射するタイプ。そのまま使える。狭い範囲の病害虫に効果がある。	至近距離でも冷害が出ない。また、薬剤を使わず、デンプンなどで害虫を窒息させるタイプもある。広範囲には不向き。
粉剤	粉末状の薬剤をそのまま、まいて使用する。どのくらい散布したかわかるので、使いすぎや不足がわかりやすい。	散布した部分が汚れるので注意。1か所に固まると薬害を起こす。散布時に、薬剤が風で舞ったり、吸い込まないように充分に注意する。
粒剤	そのまま株元の土にばらまいたり、植えつけ用土に混ぜて使うタイプ。効果が長く持続する。	土に湿りけがある状態で、できるだけ均一にまくのがコツ。背の高い植物には不向き。
ペレット剤	ナメクジやネキリムシなど、夜間に活動するタイプの害虫に効果的。害虫の餌としておびきよせる。	乾燥した場所で用い、水をかけないようにする。カビなどが生えると効果がなくなる。ペットの誤食に注意。
乳剤、液剤、フロアブルタイプ	水で薄めて散布するタイプ。少量の薬剤で広範囲に使えるので、広範囲での防除に便利。	かならず使用濃度を守って使う。濃度が濃いと薬害が、薄いと充分効果が得られない。水で薄めた薬剤は保存できないので、使う分だけを用意する。
水和剤、水溶剤	粉末状薬剤など水に溶かして使うタイプ。少量の薬剤で広範囲に使うことができる。	かならず使用濃度を守って使う。濃度が濃いと薬害を起こすことがある。必要量だけを水で薄める。

薬剤の選び方

◆植物の種類によって薬剤が違う

薬剤は、その植物に使ってもよいという許可のあるものしか使ってはいけないことになっています。それらを「登録薬剤」といいます。
それぞれの薬剤の取扱説明書に、対象となる植物名が記載されていますので、よく確認しましょう。どれを使ってよいかわからない場合は、各メーカーのホームページなどで確認することができます。

◆病気や害虫をよく見極めて使う

それぞれ対処したい病気や害虫に適したものを選ばなくてはいけません。間違ったものを用いると、効果がないばかりでなく、有益な虫たちまで駆除することになります。
とくに判断が難しいのが病気です。どうしても判断ができない場合は、病気にかかった葉などを持って園芸店や緑の相談所などで相談してみましょう。

水で薄めるタイプの使い方

◆ 使う前に説明書を熟読する

乳剤、液剤、水和剤などは、薬剤を水で薄めて(希釈して)使用します。この希釈率を守らないと、植物に薬害が発生することがあります。
また、とくに果樹や野菜では、収穫前何日まで散布可能であるか、何回散布できるかの回数も決められています。
かならず、使う前に取扱説明書を熟読し、使い方を守りましょう。

◆ 散布液は専用のバケツや手袋を使ってつくる

まず、散布する場所を決めて、必要な量を決めましょう。一度薄めた散布液は保存できないので、使い切る量を作ります。
薬剤をつくる専用のバケツを用意し、かならず手袋をして作業します。
必要な量の水を測ってバケツに入れ、正確に測定した薬剤を入れます。薬剤を測るピペットやスプーンは、乾いた状態で使いましょう。
薬剤が均一に行き渡るように、静かに混ぜ合わせ、噴霧器に移します。

● 散布量の目安	植物		目安量
	草花	丈の低い草花	100cc／1㎡
		丈の高い草花	200cc／1㎡
	樹木	低い庭木	200cc／1㎡
		高い庭木(3m程度)	3〜5ℓ／1㎡
		垣根	5ℓ／1㎡

◆ 薬剤の混用は初心者は避けて

薬剤は、2種類まで混ぜて使うことができますが、混用してよいものと、ダメなものがあります。また、その場合の希釈量を間違ってしまうこともありますので(混用する場合は、必要な量の半量の水にそれぞれ溶かしてから混ぜる)、初心者は避けた方がよいでしょう。
薬品が植物にきちんとつくように展着剤と呼ばれるものを入れることが必要です。
封をあけた薬剤は、フタをしっかりと閉め、子供の手が届かない場所に保管します。

散布の注意

◆ 風がない日の早朝に散布する

薬剤を散布するときは、周囲への配慮と、自分を防御することが大切。また、使う時間帯によって、植物に悪い影響を与えることもあります。
散布に適しているのは、風のない日の早朝です。あるいは夕方がよいですが、夕方は人の活動が活発なので、できれば避けた方がよいでしょう。
昼間の日差しが強い時間は薬害が出やすいので、絶対におこなってはいけません。

ポイント対処する スプレー剤など
エアゾールやスプレーは、噴霧したときに、薬剤が広がる位置に植物がある距離が理想。

噴霧器で 広範囲に散布
葉の上、左右、葉の裏側と、まんべんなく散布。葉の上にうっすらと水滴がつく状態に。

散布のPOINT!

- 長そで、長ズボン、ビニール手袋、マスク、帽子、ゴーグルでしっかり防御
- 体調の悪い日は作業しない
- 植物の近くに池などがあるなら覆っておく
- 風がない日の早朝がベスト
- 庭の奥から手前へと散布(後退しながら)
- 風が出てきたら風下には立たない
- 風が吹いてくる向きには散布しない
- 散布中は人やペットを近づけない
- 散布は集中して一気に終わらせる
- 散布後はよく手を洗い、うがいをする
- 散布に使った器具類はよく洗い、洋服も洗濯

予防のポイント

◆ 水はけと風通しをよくすることが大切

どの植物でも共通しているのが、水はけと風通しの悪い環境で病害虫が発生しやすいということ。そこで、植えつけ前には、堆肥を入れて、充分な土作りをしましょう。このとき、未熟な堆肥を使ってしまうと、コガネムシの幼虫やネキリムシなどが発生しやすくなるので、かならず完熟したものを使います。有機質肥料を使う場合は、植物の根が直接触れると根を傷めてしまうので、根が直接触れない場所に埋めるか、植えつけ1〜2週間前に土に混ぜてなじませておきます。
苗のうちは、少しスカスカかな、というくらい、株と株の間を充分にあけて植えつけます。また、同じ植物を同じ場所で育てるのは、病害虫を発生させやすいので、ガーデンプランを立てて、毎年違ったレイアウトや植物を楽しむようにしましょう。

園芸資材を上手に使う

◆ 害虫を寄せ付けない効果がある資材を使う

害虫の予防に効果のある園芸資材は、大きく分けると以下の3つのタイプがあります。

A 害虫を寄せつけないもの　B 害虫を誘引するもの
C 栽培環境を整えるもの

Aは、害虫を寄せつけないもの、防虫ネット、キラキラテープなどがあります。Bは、害虫が好きな色で引き寄せて粘着テープで捕獲する、フェロモンを利用するものなどがあります。Cは直接的な効果ではありませんが、地温を一定に保つ、湿度を保つ、雑草の発生を抑えることで、植物が健全に育つのを助けてくれます。

支柱立て・誘引

草丈が高く、実が重くなるものや、つるを伸ばすマメ類、茎がやわらかいハーブやミニ野菜などは、支柱を立てて支えてやります。

支柱の立て方いろいろ

茎が細くやわらかい苗の場合は、植えつけのときにすぐわきに支柱を立てておきます。とりあえず1本立てておいて(仮支柱)、そのあと、よりしっかり支えるために補強する場合もあります。また、ある程度成長したら、あんどん型をかぶせてつるを伸ばさせるなど、それぞれの植物に適した時期に適した方法でしっかり行いましょう。市販の支柱だけでなく、竹の棒などを組み合わせて作ったり、ベランダの手すりに絡ませる方法でも大丈夫です。いずれも、結び方はしっかり余裕をもって結ぶことがポイントです。

まず支柱にビニタイやひもをしっかりと結びつけて、茎と8の字形になるようにゆるく結びつける。茎が傷つかないように8の輪の部分を大きく余裕をもたせるのがポイント。

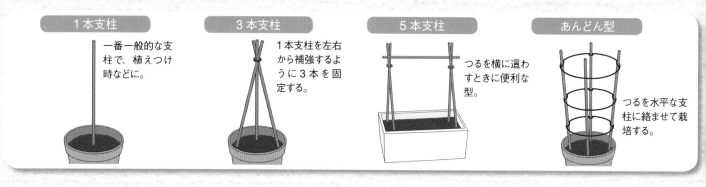

1本支柱
一番一般的な支柱で、植えつけ時などに。

3本支柱
1本支柱を左右から補強するように3本を固定する。

5本支柱
つるを横に這わすときに便利な型。

あんどん型
つるを水平な支柱に絡ませて栽培する。

土寄せ・増し土

根が地上に露出しないように土寄せをします。特に根菜類の栽培には欠かせない作業になります。

土寄せ・増し土の効果

「土寄せ」は、土を株元に寄せる作業のこと。株が風などで倒れるのを防いだり、根が露出するのを防ぐために行います。特に根菜類は根が大きく育ってくると、地表に出てきてしまうことがあります。ニンジンやラディッシュなどが肩の部分が出てくるので、これを放っておくと出てきた部分が緑化してかたくなり、おいしさが半減してしまいます。こまめに土を寄せて、覆うようにしましょう。また、苗の植えつけ時に土寄せすると株元が高くなり、水はけがよくなる効果もあります。

「増し土」は新しい土を足す作業のこと。間引きなどを何回もやると、いっしょに土を持ち出すこととなり、土が減ってしまうので、土を足して株を安定させましょう。

根菜類

だんだん太って地上に露出してきたミニニンジン。

土を寄せて、露出した部分を覆う。

植えつけ時

株元を高くして水はけをよくする。

人工授粉

果菜の中で、自然に受粉しにくいものは人工授粉を行います。

結実を確実なものにする

果菜は雄花の花粉が雌花の柱頭につく(受粉)と結実し、それが果実になります。普通は風や虫などによって運ばれ、自然に受粉するのですが、ベランダなどの限られた環境ではなかなか受粉がうまくいかず、実がなりにくいことがあります。特にカボチャ類で花が咲くのに実がつきにくいときは、人工授粉をおすすめします。雌花は開花して2～3日は受粉能力がありますが、雄花が咲いているのは1日限りで、午前中のみ。雄花が咲いたら、雄花の柱頭をとって、雌花の柱頭に花粉をこすりつけます。朝10時前に行うと効果的です。

花粉が出ることを確認してからこすりつける。

雌花のつけ根がふくらんで実がなる。

かんたん資材で
上手に育てる

ハーブやミニ野菜を育てる上で、細々と手入れをすることはもちろん大切ですが、プランターや鉢などを保護してあげることも大切です。かんたんにできる園芸資材がたくさんあるので、ここではその中でも、もっともかんたんでおすすめな資材を紹介します。

寒冷紗

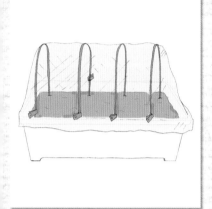

寒冷紗は粗く織った薄い布のこと。白、黒、網目の大小など種類はさまざまあります。ハーブやミニ野菜を害虫から守るほか、強風、強雨、日よけ、霜よけなどの役割も担います。設置の仕方はかんたんで、半円の支柱をプランターなどに差し込み、上から寒冷紗をかぶせるだけ。種まき、幼苗期などを中心に使用するとよいでしょう。

あんどん

苗が大きくなったときの防風、保温対策に効果的なのがこの「あんどん」。支柱を鉢の四方に4本差し込み、上下を切ったビニール袋をかぶせれば完成。市販のキットもありますが、ゴミ袋やまっすぐな棒があれば代用になります。アブラムシやウリバエといった害虫の飛来を防ぐ効果も大きく、ウイルス病の被害も少なくすることができます。

フィルムマルチング

ビニールやポリエチレンなどを地面に敷くことをマルチングといいます。マルチングは地温を高くする効果があり、肥料の分解を促進して植物に吸収させ、根の伸びもよくなり、茎や葉もよく育ちます。早春から初夏、秋に使用すると効果的でしょう。

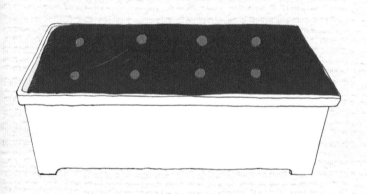

マルチングのかけ方

1. フィルムをかぶせる

土の端を浅く掘り、フィルムの裾を入れ込んで土をかぶせて固定します。

2. フィルムを広げる

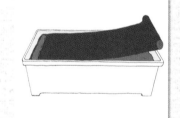

必要な分だけフィルムを広げていきます。フィルムと土が密着するように敷きましょう。

3. フィルムをカットする

フィルムの反対側も、1と同様に土をかぶせて固定し、よけいな部分をカットします。

4. フィルムを固定する

フィルムの両側も1、3と同様に土をかぶせて固定します。

5. ×字の切り込みを入れる

フィルムにカッターで×字に切り込みを入れ、必要な数だけ穴をあけていきます。

6. 種や苗を植える

穴をあけ終えたら、種をまいたり、苗を植えつけましょう。

庭の土を改良する

ハーブを鉢やプランターで育てるのも手軽で便利ですが、ハーブは地植えにするとよく育ちます。鉢やプランターのときとは比べものにならないぐらい大株になります。スペースに余裕のある方はぜひ庭にハーブを植えてみてください。ただし、踏み固められた地面にそのまま植えたのではうまく育たないので、はじめに土作りをします。また、あらかじめどのハーブをどれぐらいの広さに植えるかを考えておきましょう。

用意するもの
草けずり
スコップまたはクワ
レーキ
ひも
わりばし
板切れ
堆肥（たいひ）
苦土石灰（くどせっかい）
元肥（もとごえ）（緩効性肥料（かんこうせい））
※肥料の量は、土地1㎡当たり苦土石灰200g、元肥100gが目安です。

1 雑草を取り除きます。手で抜いたり、スコップで掘り起こすこともできますが、草けずりを使うとラクです。

2 スコップで土を掘り起こして砕きます。これを荒起こしともいいます。土は深く掘る方がよく、最低でも20～30cmの深さまで掘り起こしましょう。

3 掘り起こした状態。春に苗を植えつける場合、できれば冬の間に掘り起こして、土をよく凍らせると、土がボロボロになって、フカフカの良い土になります。

4 堆肥をまきます。堆肥の量は多ければ多いほど良いのですが、最低バケツ1杯程度は必要です。

5 スコップやクワを使って、堆肥と土をよく混ぜます。

6 よく混ぜた状態。こうすると、固かった土も水はけ、水もちが良くなり、長く効く肥料を与えたことにもなります。

7 レーキで表面を良くかき混ぜると、堆肥と土がさらによく混ざります。

8 苦土石灰をまきます。苦土石灰はコップ1杯で約200gです。

9 苦土石灰をまいた状態。全面にまんべんなくまきます。

10 苦土石灰を土によく混ぜます。ここまでの作業は、植えつけの2～3週間前までにやっておくと、土に堆肥・苦土石灰がよくなじみます。

11 緩効性肥料（かんこうせいひりょう）を全面にまいて、土によく混ぜます。植えつけ前に与える肥料を元肥（もとごえ）といいます。

12 ハーブを植えるところに、わりばしなどで目印をつけ、ひもを張ります。

13 ひもに沿って、ひもの内側に土を入れていきます。

14 反対側も、同じように土を入れていきます。

15 レーキで表面をならして真ん中が高くなるようにします。

16 土を真ん中に寄せた状態。このような形を高うねともいいます。

17 クワの先でうねの上を平らにします。こうすると、種をまいたり、苗を植えつけたりしやすくなります。

18 高うねのできあがり。こうすると水はけが良くなります。土はいずれ雨にたたかれて沈むので、はじめに高くしておく必要があるのです。

19 種をまく場合は、うねの上に種をまく溝を入れておきます。

20 種をまいたり、苗を植えつける前に、水をたっぷりかけます。根は下にのびるからです。これで下準備完了です。種まき・植えつけをはじめましょう。

古い土を再利用する

鉢やプランターなどで、バジルやディルなどの1年草を育てた場合、全部収穫したあとに土が残ってしまいます。庭があれば、古い土を庭土に混ぜることもできますが、ベランダなどでは古土の処理に困ってしまいます。古い土は、何回も水をやったことによって固くなっており、土の中のすき間がほとんどなくなっています。植えつけ前に与えた石灰などもほとんど流されています。また、前のハーブの根が残っていて、養分（肥料分）もかたよっています。そのままの状態で、新しいハーブの種をまいたり、苗を植えつけたりすると、新しいハーブの成育が悪くなりがちです。そこで、古い土は、いったん消毒してやりましょう。太陽の強い熱で消毒すれば、また新しい土として使えます。消毒するのに最適な季節は夏で、土を強い日光にあてておけば、たいていの病原菌や害虫は死滅します。夏以外の季節でも、太陽熱で消毒することは効果があります。古い土は捨てないで、再利用しましょう。

収穫が終わったバジル。枯れた株が残っています。土の中には古い根が残っています。

1 枯れている株を抜きとります。ベランダでは新聞紙を敷いてからやるといいでしょう。

2 株を全部抜きとった状態。枯れた株は捨てます。庭がある場合は、焼いてから土に戻してやれば、肥料にもなります。

3 土を出して、土の中に残っている根を全部取り除きます。

4 土をビニール袋に入れて、空気を押し出して密封します。ビニール袋は、透明のものより黒いものの方が熱を吸収しやすいのでベターです。

5 日当たりのよいところでたっぷり日光に当てます。2週間ぐらい当てておくとよいでしょう。

6 消毒が終わったら、またあらたに土をふるいにかけ、石灰や肥料を混ぜるという作業をします。こうすれば、何回も土を再利用できます。

季節の管理

植物は四季の移り変わりの中で、気温差の激しさや雨や日照りにもじっと耐えて成長しています。植物が苛酷な環境を元気に乗り切れるように、季節にあったケアを施しましょう。

［春］

●気温の変化に注意

気温が次第に上昇し、雨も適度に降るので植物にとってはまさに成長の時期。暖かな陽気に誘われて、冬のあいだ室内に置いておいたコンテナを、ベランダや庭先に出してあげたくなる季節です。しかし、ここで気をつけなければならないのがコンテナのしまい忘れです。このころは急激に夜間が冷え込むことも多く、うっかりしまい忘れると株を弱らせたり、はては枯らす原因となります。植物は一日の温度差が10～15℃程度なら元気で生育しますが、それ以上になると対応しきれず弱ってしまいます。

同時に、日中の蒸れにも気をつけなくてはいけません。春も彼岸のころになると、日ざしも強くなり日照時間も長くなります。大きなガラスの窓辺では日中の温度は思いのほか高く、蒸れるようになります。日中は窓を少し開けて、換気とともに温度上昇が和らぐようにしておきましょう。

暖かな日ざしに当てたあとは、夕方早めに室内にとり込みましょう

［梅雨・長雨］

●水はけに注意

雨は植物に水分を供給してくれる大切な自然の恵みですが、梅雨や秋の長雨の時期はダメージを受けることもあります。植え場所の水はけが悪いと土が加湿ぎみになり、根腐れしやすくなります。特に初夏に植えつける場合は、植えつけ前に花壇は深く掘り起こし、水はけをよくする腐葉土やパーライトなどを混ぜて排水のよい土をつくっておきます。加湿に弱いものは高く盛り土をした花壇に植えるとよいでしょう。

生育スペースが限られているコンテナでは、鉢中に水が滞るのは大きな環境変化です。水やりのときに、水が用土にどのようにしみ込んでいくか、また鉢穴から水が流れ出るのにどのくらいの時間を要するのか、調べてみましょう。水がスッとしみ込まないようなら、すぐに用土を替えること。排水のよい土は、基本用土にパーライト、川砂、ピートモスなどを混ぜてつくります。

●病害虫を引き起こす蒸れに注意

梅雨の時期は非常に湿度が高くなります。気温もあることから害虫が発生しやすくなります。また、蒸れによるかび病などにかかりやすくなります。密に植わった株は整理し、茎や枝をすかして風通しをよくすることを心がけます。コンテナの置き場は常に人が感じるくらいの通風を確保したいもの。風の通り道にはなるべくものを置かないようにします。

またコンテナを直接地面に置くと、ナメクジの温床にもなります。鉢台やコンテナ用のスタンドを上手に利用してコンテナの底部分の通風にも気を配りましょう。

少しでも風通しがよくなるように、枝葉を刈り込みます。草花の根元も整理し、切り戻しや花がら摘みはこまめに行います

水はけのよい土かどうかをかんたんに調べる方法。用土をひと握りして、バラッとくずれるようならOK（右）。だんご状になったままなら水はけが悪いので、改良してから使います（左）

ガーデン Garden

植えつけ前によく掘り起こしておきます

パーライトなど排水性を高める用土をまぜ込みます

コンテナ Container

水をかけたらスッとしみ込んで、ひと呼吸おいて鉢底から流れ出るくらいがよい土

高さが違うスタンドを利用して、コンテナのあいだを風が通り抜けていくように工夫します

［夏］

●植物が夏バテしない水やり、肥料やり

日本の夏は高温多湿で、ほとんどの植物にとって過ごしにくい季節。一般に「暑さに強い」といわれているものも盛夏には成長が一時的ににぶるものもあります。暑さでダメージを受けさせないためにも、梅雨が明けたらすぐに夏越しの対策を。初夏から草木灰などのカリ成分豊富な肥料を与え、株に抵抗力をつけておくことも大切です。

夏に特に気をつけなければならないのが、水やりです。盛夏の水やりのコツは「朝は少なく、夕方たっぷり」。朝にたくさん与えすぎると、日中の熱により土中の水分が熱湯になって、逆効果。気温が上昇してからの水やりも同じ理由で株を傷めるので、水やりは早朝に行い、10時ごろにはある程度乾くようにするのがベスト。午後にしおれた感じになっても、夕方水を与えればすぐに回復します。

また、熱帯産の植物以外への肥料やりはストップします。夏バテしている植物に肥料を与えると、それを根は十分吸収できず、根腐れの原因になってしまいます。

●苛酷な条件のベランダ対策

夏のベランダは、特にコンクリートの場合、強い日ざしと照り返しで日中は非常に高温になります。熱がたまった空間は夜間も温度が下がりにくく、植物にとっては苛酷な環境といえます。

コンテナ栽培の最大の長所は、移動が容易なこと。強い日ざしが苦手な品種のコンテナは、真夏に強光線の当たる場所であれば、日ざしの強い日中だけでもコンテナを半日陰に移動しましょう。

移動が難しい大型コンテナには、日よけが必要です。夏場の強い日ざしを遮るために西側にコニファー類を置いたり、フェンスにつる性植物を絡めてやわらかな日陰をつくるのも一案です。コンテナの数があまり多くない場合は、テラスやベランダの一画に支柱を組んで、寒冷紗やよしずを張った日陰コーナーをつくり、コンテナをまとめておくと管理も楽になります。またクーラーの室外機の熱風が直接植物に当たらないようにすることも、非常に重要なポイントです。

●日当たりのよさをカバーする

花壇の第一条件は「日照」ですが、季節によっては日当たりがよすぎるのもマイナスになることがあります。ほとんどの植物は真夏の強光線が苦手で、葉焼けを起こすものもあります。夏の暑さに強いものを育てるのも大切ですが、確実な日よけ対策が必要です。

日よけ資材は寒冷紗やラス板が手頃で、大型園芸店などで入手できます。日よけ用には遮光率50％の白色のものを使うのが一般的です。ほかにもカラフルなタープやビニールすだれなどを利用してもよいでしょう。強い日ざしを遮るのについ立て、トレリスなどを利用するほかに、耐性のある樹木や草花を用いる方法もあります。スペースに応じた落葉樹を選び、日陰をつくれる位置に植え込みます。また、フェンスや柵にアサガオ、トレニア、ポーチュラカのようにつる性、ほふく性の暑さに強い植物を誘引して育てれば、自然な雰囲気の日ざし対策になります。

二重鉢

鉢植えの場合は、ふたまわりほど大きい鉢に、鉢ごと入れて二重の鉢に。植物が植えてある内側の鉢に直射日光が当たらないので、土の温度上昇が防げます

コンクリートの地熱を遮断

コンクリートの照り返しを直接コンテナに受けないように、レンガやポットフィート、スタンドなどを使います

クーラーの室外機よけ

室外機の大きさに合ったトレリスに同色にペイントした薄いベニアを張り、室外機の風出口をカバー

熱風が出るので、空気が逃げるように少し間隔をとって設置しましょう。

フェンスにつる性植物を絡ませる

西側のベランダ。フェンスにつる性植物を絡ませ、日ざしを遮る工夫をします

日よけ／すだれ

すだれを2枚つないでベランダの壁に固定し、手すりに向かって斜めにたらします。手軽にとり外しができるので大変便利

日よけ／トレリス

西向きのベランダは、手すり全体にトレリスをとりつけ、背丈の高いコニファー類を植え込みます。その根元に草花のコンテナを配し、半日陰の環境を確保します

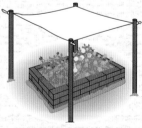

真夏の日中、何も遮るものがない花壇は、寒冷紗やすだれを使った日よけをします

背の高いシコンノボタンの株元にツキヌキニンドウやシロタエギクを植え込んで

［台風］

●台風に備えて
　準備しておくこと

　晩夏から秋にかけて日本には毎年台風がやってきます。強風と湿度で植物はかなりのダメージを受けますが、事前に準備をしておくと被害は最小限に抑えることができます。まず樹木の枝はあらかじめ間引いて、風の抵抗を減らしておきます。低木や寄せ植えにはしっかりと支柱を立て、倒れるのを防ぎます。コンテナは室内に一時的にとり込むのが理想ですが、移動できないものはワイヤーやひもでフェンスにくくりつけたり、数個のコンテナをひとつにまとめて地面や床にはじめから倒しておきます。さらに安全のためにハンギング類は必ずとりはずし、風当たりの弱い軒下や室内に移しておきます。

植え込みに支柱を立て、しっかりとしばります

支柱を立ててまわりをビニール袋で覆い、落葉を防ぎます

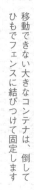

移動できない大きなコンテナは、倒してひもでフェンスに結びつけて固定します

小さい鉢は室内にとり込むか、まとめて大きめの段ボールに入れて風の当たらない軒下などに移動し、ビニールシートをかけてしばっておきます

●台風が通過したあとの
　ケア

　台風のあとは、まず庭やベランダの掃除をかねて、植物のチェックをします。折れてしまった枝や花などはもとには戻らないので、傷んでしまった部分を早めに切りとります。落ちた葉はそのままにしておくと病気が発生する原因になるので、必ずきれいにとり除きましょう。汚れが激しいときは全体にシャワーのように勢いよく水をかけて、泥やゴミを洗い流します。

折れた枝は切りとり、葉はていねいにとり除きます

全体に勢いよく水をかけ、汚れを洗い流します

［冬］

●冬越しをする宿根草は切り戻す

ガーデン
Garden

耐寒性が中程度の宿根草（しゅっこんそう）は、花壇に植えたまま冬越しができます。少しでも寒さや霜に当たる面積を小さくするために思い切った切り戻しをします。根元から10〜15cm程度まで切っても大丈夫。春になれば元気な新芽が芽吹きます。切り戻し後は、根元を守るために腐葉土（ふようど）やワラ、ピートモスなどのマルチング資材で覆っておきます。耐寒性が強いものも、葉や茎が寒さで傷むことがあるので、軽く切り戻しをして株への負担を少なくしておきましょう。

センテッドゼラニウム

株の一番下の葉のあたりの茎を切り戻します

ラベンダー

全体を短く刈り込みます

マルチング

株元をマルチング資材で覆います

●コンテナ植えの保護

コンテナ
Container

冬期のベランダやテラスは日中は暖かいのですが、夜間や冷え込む日にはそれなりの防寒対策が必要です。霜の害は少ないのですが、土の量が少ない分植物の根に直接寒さが伝わってしまいます。表土にピートモスなどのマルチング資材を敷きつめるか、鉢と鉢カバーのすき間に発泡スチロール片やパーライトをつめ込むと効果的です。柵タイプのベランダは寒風が吹き抜けますから、厚手のビニールシートをかけて防風しましょう。耐寒性の弱いものは夜間だけでも室内にとり込むとよいのですが、移動できない場合は段ボールをかぶせてカバーするだけでもかなりの保温効果になります。

土やパーライトを入れた大きい鉢の中に、植物の植わった鉢を埋めます

切り戻した株元にマルチング資材を敷き詰めます

室内の明るい窓辺で育て、暖かい日中は戸外の光にたっぷり当てます

［切り戻し］

●こんなときに切り戻しが必要

1. 花後に新しい芽を出させ再び花を咲かせるため

よい環境が保たれ、手入れが適切であれば、植物は旺盛に成長します。ときには成長がよすぎてスペースからはみ出したり、樹形や草姿が悪くなってしまうことがあります。開花期の長い植物は、葉茎ばかりが縦に伸びることにエネルギーを使い、花つきがだんだん悪くなってしまうこともあります。また、暑い夏や寒い冬など植物にとって過ごしにくい季節を迎える前に、少しでもエネルギー消費を控えるために株を保護する必要があります。こんなときは一度茎を短く切り戻します。植物にとって切ることが刺激となり、その後は再び勢いよく成長します。

マリーゴールド

7月下旬に切り戻しをすれば、秋には再びたくさんの花を咲かせます

＊赤の ━ 印は切り戻しをする箇所

ラベンダー

1 花後のラベンダー

2 芽を残しながら株の半分くらいの丈まで切り戻します

3 切り戻したところ

4 切り戻した枝の脇から新しい芽が伸びてきます。切り戻し後は効き目のゆっくりあらわれる固形肥料で追肥します

POINT!

茎を切るとき、つぼみがつく芽の部分を残して、その上を切るのがポイント。

この芽が伸びていきます

2. 夏越し、冬越しをさせるため

センテッドゼラニウム （ガーデンで冬越しの場合）

1 少しでも霜や寒さに当たる面積を減らすために、一番下についていた葉のあたりを切り戻します

2 すべてを切り戻したころ。一見枯れてしまったようにも見えますが、春にはまた新芽を出して花を咲かせます

●切り戻しをするとよい植物

四季咲き性の花や宿根草の大部分は、切り戻しをした方が次の花のつきがよくなります。切り戻しをしないで放っておくと、徒長してひょろひょろと茎だけ伸びた、花つきの悪い状態になります。

切り戻しをするとよいおもな植物

■アリッサム	■ナスタチウム
■インパチェンス	■ナデシコ
■コスモス	■バラ
■ジニア	■マリーゴールド
■ゼラニウム	■ヤロウ
■センテッドゼラニウム	■ラベンダー
■トレニア	など

コンパニオンプランツの力

\ ハーブの力で害虫を防ぐ /

害虫を防ぎたいとき、コンパニオンプランツとしてハーブを利用してみましょう。植物のそばに植えることで被害を軽減でき、ハーブと野菜を同時に育てられるので一石二鳥。ベランダ菜などでプランター栽培するときにもおすすめです。

コンパニオンプランツの様々な効果

これは「共生植物」という意味。一緒に植えることで野菜の成育を助け、病害虫を防ぐ植物をコンパニオンプランツとよびます。ハーブのもつ独特の香りが害虫を遠ざけるので、被害を軽減することができます。

そばに植えたい野菜とハーブ

地植えの場合なら、野菜のすぐそばに一緒に植えるようにします。プランター栽培で一緒に植えられない場合は、ハーブを植えた鉢で囲むようにすれば効果を発揮。ベランダに集まる虫も遠ざけてくれます。

カモミール	タイム	ミント	ローズマリー

タマネギ　キャベツ	キャベツ　ズッキーニ	トマト　カリフラワー	ニンジン　マメ類
成育を助け、病害虫を防除する。	ハチを呼び寄せ受粉をよくする。モンシロチョウが卵を産むのを防ぎ、アオムシが減る。	アオムシやアブラムシが減る。成育を助け、野菜の風味も増す。	さまざまな害虫を寄せつけない。

バジル	セージ	ナスタチウム	センテッドゼラニウム

トマト　ブロッコリー	キャベツ　ニンジン	ピーマン　ナス	キャベツ　マメ類
アブラムシを減らす効果があり、野菜の成育を助ける。	キャベツなどにモンシロチョウが卵を産むのを防ぐため、アオムシがいなくなる。	アブラムシの天敵であるテントウムシを呼び寄せることで、駆除することができる。	野菜を食害するマメコガネを招き入れ、葉を食べることで駆除することができる。

こんな時どうする？　Q&A ハーブのQ&A

ハーブを栽培していると直面しやすい疑問やトラブル。例えば、料理に向く、クラフトに向く、長く収穫するコツなど、わかりやすいQ&A方式で紹介します。困ったことは、ここでかんたんに解決できるかもしれません。

Q　ラベンダーを庭に植えたい

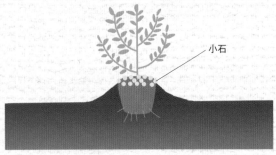

小石

A　水はけのよい場所を作り、蒸れが少なくなるようにすれば可能です。雨はなるべく避け、土盛りなどの工夫をして植えつけましょう。株元に小石などを敷くと雨のはね上がりで下葉を枯らす予防策になります。

Q　バジルの根がヒョロヒョロと伸びて、葉が小さくなったのはどうして？

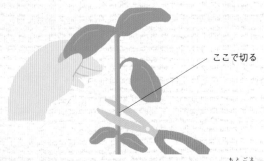

ここで切る

A　長期間育てて収穫を繰り返していると、元肥（もとごえ）を与えていても肥料が足らなくなり、成長が悪くなります。追肥（ついひ）として、液肥（えきひ）を与えるとよいでしょう。また本葉が3段目まで成長したら、2段目の上の茎を摘み取ると、わき芽が出て葉がよく茂ります。

Q　ミントは水の中でも栽培できますか？

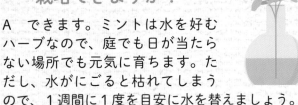

A　できます。ミントは水を好むハーブなので、庭でも日が当たらない場所でも元気に育ちます。ただし、水がにごると枯れてしまうので、1週間に1度を目安に水を替えましょう。

Q　イタリアンパセリを長期間収穫するコツは？

摘み取る

A　花芽を見つけたら摘み取りましょう。半日陰（はんひかげ）で育てて、葉が茂って草丈が大きくなってきたら、葉の上の方を摘み取ります。このとき、外の茎から摘み取るようにすると、より長い期間収穫が楽しめます。一度に収穫しすぎないことや、花が咲く前に花芽を摘み取るのもポイントです。

Q　チャイブは、鉢植えと地植え、どちらが初心者向きですか？

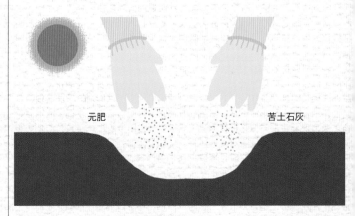

元肥　　　　　　　　苦土石灰

A　チャイブは、鉢植えでも地植えでもポイントさえつかめば、どちらでもかんたんに育てることができます。鉢植えの場合は、根づまりしやすいので、早めに植え替えましょう。地植えの場合は、酸性を嫌うので、植えつけ2週間前に苦土石灰（くどせっかい）をまいて中和し、元肥（もとごえ）を与えてから植えつけましょう。

Q タイムの丈が伸びすぎてしまったときはどうしたらいいの？

ここで切る

A 手入れを兼ねて、こまめに刈り取ることが大切ですが、丈が伸びすぎたら、上の方の新芽を摘み取りましょう。葉の先端だけを整枝し続けると丈が伸び、混み合ってしまうので、年2〜3回刈り込みをして、下の方から再生させましょう。

Q ハーブと一緒に植えた他の植物の元気がない。なぜ？

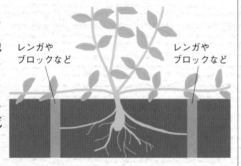

レンガやブロックなど

レンガやブロックなど

A ミントや、カモミールなどのハーブは、地上や地下に茎を伸ばしてはびこるため、一緒に植える植物の成育を妨げることがあります。このような場合は、畑の場合はレンガやブロック、トタン板などで仕切りを作ると良いでしょう。または、ハーブの苗をひと回り大きなビニールポットに植え替えそのままポットごと植えつけても良いでしょう。

Q タイムを保存するには、どうしたらいい？

A 開花直前に枝ごと刈り取り、束ねて吊るし、乾燥保存します。食べるときは水で軽く洗ってから食べましょう。葉の小さいものは枝ごと利用するとよいでしょう。

Q 花がきれいなハーブはどんなものがありますか？

A ラベンダー、ナスタチウム、マリーゴールド、センテッドゼラニウム、サフラワー、スイートバイオレット、セントジョンズワート、バラ、マロウ、ヤロウなどがきれいな花を咲かせます。

Q 料理に向くハーブは何ですか？

A バジル、ミント、カモミール、タイム、セージ、ローズマリーなどがよく料理に使用されます。その他イタリアンパセリ、キャラウェイ、シソ、スープセロリ、ステビア、セイボリー、オレガノ、マジョラム、レモンバームなど数多く親しまれています。

Q クラフトに向くハーブは何ですか？

A ラベンダー、ミント、チャイブ、ローズマリー、カレープラント、アルカネットなどです。基本的には枝ごとドライにして利用するようにします。

Q アロマテラピーに効果があるハーブは何ですか？

A バジル、ラベンダー、ミント、カモミール、セージ、タイムなどです。ただし、エキスを抽出した精油を使う方が効能ははるかに期待できます。

Q 初心者でも育てやすいハーブは何ですか？

A バジル、ミント、カモミール、セージ、タイム、ローズマリーなどですが、ハーブはじょうぶなものが多く、比較的どの種類も育てやすいといえます。

Q 苗を植える時期は、いつがベスト？

A 植える時期は春先がよいものが多く、上手に育てれば、早くて初夏から収穫ができ、晩秋まで楽しめます。

Q　どういう苗を選べばいいのか　わからないのですが？

A　園芸店で苗を選ぶときは、元気な葉（葉色が濃く、生き生きとしたもの）で、葉の数が多いものがよいでしょう。また、根がはみ出る程伸びているものはよくありません。適度な長さのものを選びます。また、普通の土より、ハーブ栽培用の土が売られているので、それを使用するとよりかんたんに育てることができます。水をしっかり与え、湿らせてから苗を植えましょう。仕上げに少量、追肥（ついひ）を与えるとよく育ちます。

葉が緑で多く茂っている

根が固まっていない

Q　ローズマリーの花が咲きません

A　花が咲く時期は、通常春先です。ローズマリーは繁殖力おう盛なハーブなので花が咲かなくてもとくに問題はありませんが、雨に濡れない場所で育てるとよいでしょう。

Q　夏の暑さに強いハーブはありますか？

A　ハーブはもともと乾いた気候で育っているので、多湿に弱く、高温に強いです。通気性のよい場所であれば、夏の暑い時期でもあまり問題はないでしょう。代表的なハーブは、ペパーミント、キャットニップなどです。

Q　ローズマリーを室内で育てていたら、葉に白い粉がつきました。

A　ローズマリーなどのように日光を好むハーブは、日陰に置くとカビがつきやすくなってしまいます。なるべく日当たりと風通しのよい場所で育てましょう。

Q　種から育てるのはかんたん？

A　ハーブを種から育てる人もいますが、初心者の方にはむずかしいかもしれません。おすすめは、すでに大きくなっている苗を園芸店などで購入するとよいでしょう。

Q　鉢の置き場所は、どこがよいのでしょうか？

A　直射日光が長時間あたる場所や暑くなりすぎる場所、また冷暖房が直接鉢に当たるところは避けた方がよいでしょう。鉢植えなら、色々と置く場所を変えることができるので地植えよりも便利ですし、育てやすいと言えます。育てながら、一番環境の合う場所を探してみましょう。基本的にハーブはとても生命力が強いので、手間いらずで育てることができます。自分のお気に入りのハーブを見つけて作ってみては？

Q　ローズマリーの整枝（せいし）のポイントは？

A　ローズマリーの丈が伸びすぎると葉がかたくなり、食べられなくなるので、枝ごと切り、風通しよく整枝するのがポイントです。整枝は2回行います。1回目は、梅雨入り前。混み合った葉を取り除きます。2回目は開花直前。大きく刈り込み、新しい枝に更新すると、柔らかいローズマリーを収穫することができます。

ここで切る

Q　フェンネルの子苗を育てたい場合はどうしたらいいですか？

A　フェンネルは、種をまいて育てる方法と、株分けして育てる方法があります。栽培をはじめて3年ほどたつと、株のまわりに種がこぼれ、たくさんの子苗を得ることができます。この子苗を畑に植えて育てますが、根がまっすぐ伸びて切れやすいので、深く土を掘り上げて根を切らないようにしましょう。

Q　鉢植えにしたいけど、どんな鉢を選べばいいでしょう？

A　ハーブの種類は過湿を嫌うものがわりと多いので、鉢を選ぶ際は通気性のよい、素焼きの鉢などを選んで使うようにしましょう。

大多喜ハーブガーデン

大好きなハーブに囲まれた豊かな生活を提供します

~肩の力を抜いてナチュラルな時間を~

大多喜ハーブガーデンは千葉県大多喜町にある4500m²を超える全天候型室内ガラスハウスハーブガーデンです。ハーブを使ったメニューを提供するレストラン、アロマショップの香湯屋ハーブティーやバジルペーストなど自家製品がたくさんのハーブショップがあります。ドッグランもありますよ!

香湯屋

アロマテラピーとナチュラルライフをテーマに香りと生活グッズをそろえています

ガーデンショップ

オリジナルブレンドのハーブティーやバジルペーストなどが購入できます

ハーブレストラン

ガーデン内で育った野菜本来の美味しさを味わえるレストランです

大多喜ハーブガーデン

/㈱大多喜ハーブガーデン

〒298-0201
千葉県夷隅郡大多喜町小土呂2423

HP　http://www.herbisland.co.jp/

Tel　0470-82-5331

Fax　0470-82-4142

E-mail　info@herbisland.co.jp

入園無料
駐車150台
レストラン120席
屋内テラス席50席
営業時間10時～17時
毎週火曜休園(1/1は営業)

📄 ハーブ栽培用語集

あ

アーチ
弓形をした門で、庭園の入り口によく作られる。

赤玉土（あかだまつち）
大・中・小と分かれていることが多く、用途によって使い分けられる。鉢底に入れることで水はけがよくなる。もともとは関東ローム層の地下にある粘質土。

浅植え（あさうえ）
苗や球根を浅く植えること。肩植えなども含む。根や球根に光や酸素を与えることができる反面、株が不安定で倒れやすいので注意する。

厚まき（あつまき）
種を密にまくこと。発芽後、早い時期に間引きや植え替えをしないと苗が育ちにくくなる。

あんどん仕立て（あんどんじたて）
鉢の周辺に何本かの支柱を立てて、つる性植物をらせん状に誘引する仕立て法。アサガオやクレマチス、キウイフルーツやブドウなどの鉢仕立てに向く。

育苗（いくびょう）
成育の初期に苗を特別に整えて管理し育てること。

移植（いしょく）
育苗中の苗がある程度の大きさになったら植え替えること。

一年草（いちねんそう）
種が発芽して1年以内に花を咲かせ、実をつけて枯れてしまう植物のこと。寿命は短いがその分成長は早く、丈夫で育てやすく華やかな花が多い。なお、原産地では多年草であっても、日本の気候下では、冬の寒さや夏の暑さのために枯れてしまうために、一年草扱いとなるものが多い。

忌地（いやち）
連作障害が起こる土地。ある植物のあとに同種または近縁の作物を栽培した場合に、成育や収穫量が劣る現象のこと。また、その土地の状態。

陰性植物（いんせいしょくぶつ）
弱い光の下でよく成育する植物。

植えつけ（うえつけ）
花壇やプランター、畑、植木鉢などに植えること。

植え床（うえどこ）
うねの平らなところ。

ウォータースペース
鉢に水やりをするとき、一時的に水がたまる、容器の表土の部分。

ウォールハンギング
壁かけ式のハンギングバスケットのこと。壁やベランダ、トレリスなどに付属の金属でかけて楽しむ。上から見たときに、半円形をしているものが多いが、普通のプランターや、素焼き鉢のものもある。

羽状葉（うじょうよう）
葉の軸の両側に羽のように並んでいる葉。

打ち水（うちみず）
鉢物などの周辺に水をまき、周囲の気温を下げ、湿度を高める方法。

うね（畝）
畑などで、一定の間隔で列状に溝を作り、土を盛り上げたところ。作物を栽培するとき、水はけをよくし、肥料を与えやすくするなどの目的で作る。

ウドンコ病（うどんこびょう）
茎や葉が白くなり、ウドン粉をまぶしたようになる病気。うねを高くして、風通しや水はけをよくして発病を防ぐ。

腋芽（えきが）
頂点の芽に対して、葉のつけ根から発生する芽のこと。わき芽（側芽）と同じ。

液肥（えきひ）
液体肥料のこと。通常、水で薄めて草花に与える肥料で、速効性のものが多い。肥料本体が液体のものと、粉末のもの（固形）がある。

壊死（えし）
生物体の一部の組織や細胞が死ぬこと。

枝透かし（えだすかし）
混みすぎている枝を切り、光や風がよく当たるようにすること。枝抜きも同じ意味。

F1（エフワン）
異なる原種や品種の交配で作られた品種（一代雑種）のことで、親（原種）より丈夫で、花などが美しく改良される。

円錐花序（えんすいかじょ）
小花が円錐状に固まって咲くこと。またその状態。

黄化（おうか）
葉緑素の成長に必要な光が欠乏しており、植物体が黄色や白に変わる現象。

黄変（おうへん）
葉が老化や病気のために黄色に変色すること。

置き肥（おきひ）
株元に固形肥料を置いて追肥すること。

晩生（おくて）
種まきや苗の植えつけから開花や結実、収穫までの栽培期間が長いもの。

親株（おやかぶ）
さし芽、さし木、つぎ木をするとき、ふやすもとになる株。

お礼肥（おれいごえ）
花が咲いた後や実を結んだ後、収穫の後に与える肥料のこと。果樹の場合、ほとんどは固形肥料や有機肥料を使う。

か

開花調整（かいかちょうせい）
植物がどういう条件で花をつけるかを知り、環境条件を変えたり成長調整物質などを使って、自然な開花とは異なる時期に開花させること。

花卉（かき）
栽培あるいは栽植される観賞用の花類。

花器（かき）
花を生ける器のことを意味するが、ここでは、花を構成するがく片、花弁、おしべ、めしべを含む花を一つの器官として扱い、花器という。

がく（萼）
花の一番外側にあり、もともと花を守るためのもの。普通、数枚のがく片から構成されている。

花茎（かけい）
先端に花をつけて伸びる茎のこと。

花色素（かしきそ）
細胞に含まれる色素のことで、アントシアン、カロチノイド、フラボノイドなどがあり、花色が決まる重要な要素となる。色素が入っていないと白になる。アントシアンは酸性溶液で赤、アルカリ性溶液で青になる。

花序（かじょ）
個性的な配列でつく花の房のこと。その形状によって、円錐花序、散形花序、穂状花序、総状花序、尾状花序、輪散花序、輪生花序などにわけられる。

仮植（かしょく）
種まき床やさし木床から、実際に育てる苗床へ移し替えること。

花穂（かすい）
長い花茎に小さな花をたくさんつけている花の集まり。キンギョソウやサルビアなどの花がこの状態になる。

化成肥料（かせいひりょう）
無機質の肥料やその原料。化学的に作られた肥料。主成分が1種類だけのものと、2種類以上の複合肥料がある。

花叢（かそう）
花の集まり。

活着（かっちゃく）
移植や定植をした植物が新しい根や芽を伸ばし、成育を始めること。根づくともいう。

鹿沼土（かぬまつち）
通気性・水はけ・水もちがよい土で、果樹栽培に適している。栃木県鹿沼地方で産出される黄褐色で粒状の土。

株（かぶ）
根つきの植物を数えるときの単位の意味で、一つの植物体の意味にも使われる。

株間（かぶま）
株と株の間。またその距離。

株分け（かぶわけ）
植物の株を掘り上げて、根を切り分け植え替えて育て、新しい株を作るふやし方。

花柄（かへい）
最上部の葉から花床までの茎の部分。

花木（かぼく）
花や葉、実を観賞する目的で育てられる樹木の総称。

仮葉 (かよう)
葉柄が変形して偏平になっているもの。

仮植え (かりうえ)
庭など目的の場所に植えつけるまで、いったん仮の場所に植えておくこと。

カルス
傷口を覆う細胞のかたまり。さし穂の切り口や、剪定したり折れたりした枝の切り口に作られる細胞の全体。

寒肥 (かんごえ)
12月下旬～翌年2月ごろに、休眠中の果樹に与える肥料のこと。これを与えることで春からの成育に備える。

緩効性肥料 (かんこうせいひりょう)
植物に与える肥料で、効きめがゆっくりと時間をかけてあらわれるもの。植物を植えつけるときの元肥に最適で、堆肥や油かすなどの有機質肥料や固形肥料が一般的。追肥に固形肥料が用いられることもある。

灌木 (かんぼく)
背の低い樹木。低木。

寒冷紗 (かんれいしゃ)
黒や白で、目の粗い布でできていることが多い。強い光をさえぎったり、防寒のために使われる。

木子 (きご)
地下茎の上部につく小さな球根。繁殖に使う。グラジオラスやユリなどに見られる。

球果 (きゅうか)
マツカサのような形の果実。

吸枝 (きゅうし)
ほふくする枝の一種。地下部にできる芽で、地中を横に伸びて地上に出た先端に子株を作る。ミヤコワスレなど。

距 (きょ)
がくや花弁の一部が突出している部分。

鋸歯 (きょし)
葉の縁がギザギザして、ノコギリの歯に似た状のこと。マリーゴールドやヤロウの葉などが代表的。

切りつめ (きりつめ)
新芽を出させるために、枝や茎を短く切ること。

切り戻し (きりもどし)
丈夫な新芽を出させるために、植物の枝や茎を切除すること。一般的には地面すれすれで行う。また、冬に切り戻して草丈を低くし、寒さに当たる面積を減らして冬越しさせるときも有効。

草丈 (くさたけ)
植物が地上に出ている部分の高さ。通常、地際から先端部までの高さをいう。

クラウン
球根の地際部の茎にできる芽。肥大し、節と節の間が短縮した茎の部分。ダリアなどに見られる。

車枝 (くるまえだ)
同じところから、同じ太さ、長さの枝が多数出ていること。

茎頂葉 (けいちょうよう)
茎の先端の葉のこと。

系統 (けいとう)
同じ品種内で、他と区別できる特徴をもった固体群。

茎葉 (けいよう)
茎から出る葉のこと。

牽引根 (けんいんこん)
球根類や宿根草類で、新しい球根や根を地中に引き込み、乾燥などから守る根。グラジオラスなどに見られる。

堅果 (けんか)
果皮が固く、種と密着せずに種を包んでいる果実。

原産地 (げんさんち)
栽培化されたり、改良された植物のもとの種が自然状態で成育している (成育していた) ところ。原生地。

号 (ごう)
植木鉢の大きさを示す単位で、1号は直径3cm。

硬実処理 (こうじつしょり)
硬実とは、種の表皮が水や空気を通しにくいもののこと。発芽しにくいが、それだけ長期間種が保存できる。石種ともいう。アサガオやカンナなどがこれにあたる。

腰水 (こしみず)
鉢の下に鉢皿などを置いて、水を張り底面から給水させる (吸収させる) 方法。底面給水ともいう。

互生 (ごせい)
枝や葉が左右交互に出る生え方。

根茎 (こんけい)
枝分かれした地中の茎のこと。地下茎 (ランナー) ともいう。

根生葉 (こんせいよう)
根元から伸びた茎の短い葉のこと。根出葉ともいう。

コンテナ栽培 (コンテナさいばい)
木箱、空き缶、樽、陶器、プラスチック箱など (鉢物容器と総称) を用いた栽培。

さ

逆さ枝 (さかさえだ)
下方向や、幹に向かって伸びる枝のこと。

さく果 (さくか)
複子房の発達した果実で、熟すると割れて種をまき散らす。バラのローズヒップなどがさく果の代表。

さし木 (さしき)
枝や茎など、植物の一部を切りとって、適当な用土などにさし、発根させて育てるふやし方。特に草花の場合はさし芽ともいう。

さし穂 (さしほ)
さし木にするために切った枝のこと。さし木は一般的な樹木のふやし方のひとつ。さし木に使う部分によって、茎さし、葉ざし、根ざしという。

シェード栽培 (シェードさいばい)
自然の日長条件より日を短くして栽培する方法。短日処理のこと。

直まき (じかまき)
植物を育てたい場所に、その種を直接まくこと。特に、ポピーやハナビシソウなど、植え替えを嫌う植物に用いられる。

四季咲き (しきざき)
植物がある程度成長したあと、日長や温度などに関わりなく、ほぼ一年中花が咲くようになる性質。花が咲く期間によって、一季咲き、二季咲きなどがある。

子房 (しぼう)
花柱の基部が肥大した部分。雌しべの一種で、花が終わった後果実になる。

雌雄異株 (しゆういしゅ)
実をつける木 (雌木) と雄花をつける木 (雄木) が別々の植物で、ブドウやキウイなどがこれにあたる。実をつけるには両方の木が必要。

雌雄同株 (しゆうどうしゅ)
雌花と雄花が1本の木につき、開花して実を結ぶ植物。多くの果実や草花はこれにあたる。

樹冠 (じゅかん)
樹木の枝や葉が茂っている部分。種類によってさまざまな形を作る。

宿根草 (しゅっこんそう)
多年草の中で、冬も植物の一部が枯れずに残り、毎年発芽・成長することができる草花のこと。最近では多年草の総称としても使われることが多いが、厳密には、多年草と違い、宿根草は冬に地上部の全体あるいは大部分が枯れ、根だけが地中で生きて春にまた芽吹くものをさす。

常緑樹 (じょうりょくじゅ)
秋や冬でも葉が落ちず、一年中葉をつけている樹木。そのうち樹高が高いものを常緑高木、樹高が低いものを常緑低木という。

深裂 (しんれつ)
葉の縁が中央脈に向かって、数か所深く切れ込んでいること。

整枝 (せいし)
余分な枝や伸びすぎた茎をとり除き、植物全体の形を整えること。

全草 (ぜんそう)
植物の全体・全部位のこと。

先祖返り (せんぞがえり)
祖先の形や質が、ある固体に偶然に出現すること。または、枝変わりしてできた形質が、もとの親の形質に戻ること。

剪定 (せんてい)
新しい芽を出させるため、葉や茎を切りはらって整えること。また、冬前に根元ぎりぎりのところで切り戻す剪定は、寒さに当たる面積を減らして冬を越しやすくする働きがある。
※ 強い剪定…成育を促すために行う剪定のこと。
※ 弱い剪定…限定された部分の再生を促すために行う剪定のこと。

総状花序 (そうじょうかじょ)
一本の軸に、花柄のある花を左右交互につけ、基部から順に先端へ咲いていく花のつき方。

側芽 (そくが)
頂上部以外の葉のつけ根から発生した芽。

側枝 (そくし)
主枝 (中心の枝) に対して、その側部の枝のこと。

速効性肥料 (そっこうせいひりょう)
緩効性肥料に対して、与えてからすぐに効きめがあらわれる肥料のこと。成長期などの追肥に最適で、液肥が一般的によく使われる。

た

耐寒性 (たいかんせい)
低温によく耐える性質。低温下でよく成長するという意味ではなく、霜や雪などの中、保護しないでも植物が耐えて成育する状態のこと。

耐暑性 (たいしょせい)
暑さに耐える性質で、30℃以上の高温状態に耐えられる性質。

台木 (だいぎ)
つぎ木でふやす場合の根のついた基になる木。

対生の葉 (たいせいのは)
ひとつの節に、向かい合って対でつく葉のこと。

堆肥 (たいひ)
落ち葉や野菜のクズ、魚、鶏糞などを積み重ねて発酵させた有機肥料。

高植え (たかうえ)
根の上部が地面より高くなるように植えつけること。

多年草 (たねんそう)
種から成長し、開花・結実した後も枯れることなく何年も成長をくり返す草花。最近は、多年草をすべて宿根草とよんだり、その逆も多いが、厳密には、花が咲いていない期間や冬の間にも、常緑の葉を残して茂らせているものを多年草とよぶ。

短果枝 (たんかし)
短く肥大した花芽。ここによい果実がつく。短枝と同じ。

長枝 (ちょうし) と短枝 (たんし)
樹木の種類によっては、明らかに区別できる2種類の枝を持つものがある。普通見られる長い枝を長枝といい。葉をたくさんつけたり花をつけたり、また結実するのは短い枝で短枝という。

短日植物 (たんじつしょくぶつ)
日照時間がある程度短くなると花芽をつける、あるいは葉や苞が色づく植物のこと。秋から冬にかけて花を咲かせたり、葉が色づくものが多い。逆に、日照時間が長くなると花芽をつけるものを、長日植物という。

短日処理 (たんじつしょり)
日本よりも日照時間が短い国の原産の植物に、花を咲かせたり葉を色づかせるために行う処理のこと。具体的には、箱などで覆って日照時間

を短くさせる作業をする。ポインセチアなどの短日植物に有効。

地下茎 (ちかけい)
地下を這う根状の茎。根茎ともいう。

中央脈 (ちゅうおうみゃく)
葉の中心を走る葉脈のこと。

柱頭 (ちゅうとう)
雌しべの先端の部分。

長日植物 (ちょうじつしょくぶつ)
日照時間がある程度長くなると花芽をつける植物のこと。春から夏にかけて開花するものは、ほとんどが長日植物といえる。

直根 (ちょっこん)
地中にまっすぐ太く伸びている根のこと。

追肥 (ついひ)
植物が成長している間に与える肥料のこと。追肥には、液肥などの速効性肥料や固形肥料などの緩効性肥料が使われる。

つぎ木 (つぎ木)
近縁種の植物と植物をつないで、1株の植物として育てる方法。果樹の苗は、ほとんどこのつぎ木で作られたつぎ木苗として出回る。

つぎロウ
つぎ木の際に、つぎ口を雨風から守るために塗るロウ。松やにやラードなどで作られる。

定植 (ていしょく)
最終的に育てる場所に植えつけること。

摘果 (てきか)
摘蕾と同様、よい果実を実らせるために、適した数の実を残して、他の幼い果実を摘みとること。

摘芯 (てきしん)
成長を止めるため、あるいはわきからの枝葉をふやすため、茎や枝の先端の芽の部分を摘みとること。ピンチともいう。

摘蕾 (てきらい)
よい果実を実らせるために、それぞれの種類に適した数の実を残して、他のつぼみを摘みとること。

テラコッタ
素焼きの陶器製の鉢またはプランター形の容器。通気性がよく、多くの植物の栽培に向き、おしゃれな装飾も楽しめる。

徒長 (とちょう)
葉・茎、枝などが長く伸びすぎた状態のこと。

トピアリー
装飾的に庭木などを刈り込んで仕立てる方法。

採りまき (とりまき)
種を採取した後、すぐにその種をまくこと。

トレリス
おもに木などで組まれた格子状の柵で、園芸用の資材のひとつ。つる性植物を誘引して這わせたり、ハンギングバスケットをかけたりして楽しむ。

な

苗床 (なえどこ)
苗を育てる場所。

二年草 (にねんそう)
種が発芽して1年以上2年以内に花を咲かせ、実をつけて枯れてしまう植物のこと。

根切り (ねきり)
根のまわりにスコップを深くさし込んで、根の一部を切ること。

根腐れ (ねぐされ)
水はけや通気が悪く、根が腐ること。水を与えすぎたり、極端な高・低温などの条件下で起りやすい。

根締め (ねじめ)
樹木の根元や庭石に配して植える低木やササなどのこと。

根鉢 (ねばち)
土をつけて掘り出された根のまわりの部分。根とそのまわりの土。

根張り (ねばり)
根が縦横に伸びている具合。

根回し (ねまわし)
植え替えのときにあらかじめ根の一部を切り、細根を発生させて活着をよくする方法。

は

這性 (はいせい)
地面を這うように横に広がって成長する性質。

鉢上げ (はちあげ)
種まきやさし芽の後、成長した苗を苗床から鉢に移し替えること。

鉢もの (はちもの)
鉢に入れて栽培し、観賞する草花。ただし、盆栽は鉢物とはいわない。

発芽率 (はつがりつ)
種をまいたもののうち、発芽するものの度合いで、一般的には発芽しやすいかしにくいかの目安として使う。厳密には、一定期間までに発芽した種の数を、まいた種の数で割って100倍した数字。

花がら摘み (はながらつみ)
咲き終わった花を摘むこと。

葉水 (はみず)
霧吹きなどで、葉や茎に霧状の水をかけ、湿度を保ったり、温度を下げて暑さをしのぐ方法。ホコリやダニを洗い流すことも含む。シリンジともいう。

葉焼け (はやけ)
強い直射日光によって、葉の表面の細胞がこわれ、褐色になること。

ハンギングバスケット
植物を寄せ植えにし、軒などにつり下げて楽しむための容器。ヤシの実繊維、ウレタン、プラスチックなどの素材があり、形もさまざまで楽しめる。

半日陰 (はんひかげ)
木漏れ日が当たるような状態の場所や、午前中の数時間だけ日が当たるような光量を得られる場所。明るい日陰。

ピートバン
ピートモスを圧縮し、酸度を調整したもので、給水すると膨張して、種まきやさし芽の苗床とするもの。

ピートモス
湿地に堆積してできた植物の集まりで、主成分はリグニンというもの。水もちがよく、通気性がよくなり、軽いのでハンギングバスケットにも向く。ただし酸性が強く、土の酸性を嫌うものの栽培には向かない。

ヒコバエ
幹の根元から出る枝。ヤゴ、新梢ともいう。

非耐寒性 (ひたいかんせい)
低い温度下では成育できない性質。

斑入り (ふいり)
葉・花・茎など (主に葉) に、異なる色の模様 (斑) が入ること。また、斑の入った品種。

深植え (ふかうえ)
苗や球根を深く植えること。

覆土 (ふくど)
光を嫌う植物の種をまいたときや、球根を植えつけた後に土をかけること。また、その土。

複葉 (ふくよう)
葉身が主要葉脈で切れて葉が 2 つ以上になったもの。それぞれの葉を小葉といい、小葉が 1 点につく掌状複葉と、長い軸に個々につく羽状複葉がある。

腐植質 (ふしょくしつ)
雑草や落ち葉、ワラなどを堆積させて腐らせたもの。

不織布 (ふしょくふ)
プラスチック繊維を和紙のように加工したもの。保温、防虫などの目的で、植物の上にかぶせて使う。

不定根 (ふていこん)
茎や葉など、根ではない器官や古い根から生じた根。

腐葉土 (ふようど)
落葉を堆積して発酵させ、腐らせたもの。水はけと通気性がよく、有機質が豊富な土。

分化 (ぶんか)
成育の過程で、それまでにない形態や機能をもつ細胞や組織、器官が現れること。

分球 (ぶんきゅう)
球根が自然に複数に別れてふえること。人為的に切り分けてふやすことも多く、大半の球根植物はこの方法でふやせる。

ボーダー
塀や壁などに沿って細長く伸びた花壇。

苞 (ほう)
葉の変形したもので、花のように美しく色づくものが多い。苞を観賞して楽しむ代表的な植物は、カラー、アンスリウム、ポインセチアなど。本来は花のすぐ下や花がらのつけ根につき、花を保護するもの。

母球 (ぼきゅう)
球根類で、自然分球の親になる球根。繁殖に使う球根のこともさす。それによって新しく生じた球根を子球という。

保水力 (ほすいりょく)
土壌が水を保持する力のこと。

ほふく性 (匍匐性)
地表や地中を這うような形で成長・成育する性質のこと。

ま

間引き (まびき)
植物が成育し、混み合ってきたところの株を適宜抜きとり、その後の成長を促すこと。

マルチング
ワラや落葉などで果樹の根元を覆うこと。土の乾燥や凍結を防ぎ、保温効果もよい。

幹巻き (みきまき)
ワラなどで幹を巻くこと。幹の乾燥と害虫を防ぐためにする。

幹焼け (みきやけ)
強い直射日光で、幹の樹皮がはがれてくること。幹巻きで防ぐことができる。

実生 (みしょう)
種から発芽して育った苗。種でふやす方法の意味で使うこともある。

水あげ (みずあげ)
切りとった枝などを水に浸して、切り口から水を吸わせる方法。

水ごけ (みずごけ)
とり木などの時に使用する。水もちにすぐれた苔の一種。

木質化 (もくしつか)
草花が成長して、茎などが木のように固くなること。タイムやローズマリーなどのように、2年目から木質化して大株に育つものも多い。

元肥 (もとごえ)
種まきや苗の植えつけの前に与える肥料のこと。初期の成長を促す、すべての植物に共通して基本となる肥料。

モミアゲ
11 〜 12 月にかけて芽の整理と前年の葉を摘みとること。

盛り土 (もりつち)
根元に土を盛ること。地面に近い枝には土を盛っておくと根が出る。

や

八重咲き (やえざき)
花弁の数がその種の基本の数より多い花のこと。

葉柄 (ようへい)
葉と葉をつなぐ柄の部分のこと。

誘引 (ゆういん)
針金などを使って、枝やつるを誘導すること。

有機質土壌改良材
(ゆうきしつどじょうかいりょうざい)
ピートモスやバーク堆肥、腐葉土など、植物質や動物質の土壌改良用土を指す。

葉腋 (ようえき)
葉が、茎・枝と接する部分の上部。葉のつけ根のこと。ここから芽が出てくる。

陽樹 (ようじゅ)
とくに陽光を必要とする樹木のこと。

養生 (ようじょう)
樹木の成育を助けるためのさまざまな方法の総称。支柱のとりつけや幹巻き、敷きワラなど。

寄せ植え (よせうえ)
1 か所に 2 株以上をまとめて植えること。

ら

落葉樹 (らくようじゅ)
秋に寒くなってくると葉が落ちる樹木。そのうち樹高が高いものを落葉高木、樹高が低いものを落葉低木という。

ランナー
つるのように伸びる地下茎で、地面すれすれを這うものや地中で伸びるもの、地上をアーチを描くように伸びるものなどいろいろな種類がある。

輪生 (りんせい)
同じところから数本の枝が出ている状態。車枝と同様。

ロゼット
節と節の間が極度に短くなった茎に葉が重なって着生し、バラの花状に見えることから名づけられた咲き方のこと。

ロックガーデン
石や岩を配置した庭に、小型の植物や乾燥植物を中心に植え込んだ花壇、庭園。

わ

矮性 (わいせい)
樹の大きさが短小なこと。遺伝や病気によるもののほか、人工的に作られたものもある。

ワイルドフラワー
「野生の花」という意味で、強い生命力を持ち、種をばらまくだけで、春から花を満開に咲かせるものをさす。ほとんど手間をかけずに美しい花が楽しめる。ポピーやニゲラなどが代表。

わき芽 (わきめ)
枝の先端の芽 (頂芽) に対して、わきから出ている側芽のこと。

ソレル 91	タイム 28	タマネギ 109	タラゴン 92	タンジー 92	チャ 105	チャービル 92	チャイブ 40
チンゲンサイ 109	ツユクサ 105	ディル 93	トウガラシ 105	トードフラックス 93	トクサ 105	ドクダミ 106	ナスタチウム 76
ニラ 109	ニンニク 110	ネムノキ 106	バジル 18	ハス 106	ハスカップ 106	パセリ 110	ハッカ 106
葉ネギ 110	バラ 77	ヒソップ 93	フィーバーフュー 94	フェンネル 78	フキ 106	フラックス 94	ヘリオトロープ 94
ベルガモット 95	ホアハウンド 95	ホウレンソウ 110	ホップ 95	ボリジ 96	マジョラム 96	マスタード 96	マリーゴールド 79
マロウ 80	ミズナ 111	ミツバ 107	ミニトマト 111	ミョウガ 107	ミント 24	ムラサキツメクサ 107	メキシカンスイートハーブ 97
ヤロウ 97	ユーカリ 97	ユキノシタ 107	ヨモギ 107	ラッキョウ 111	ラディッシュ 111	ラベンダー 48	ラムズイヤー 98
リンデン 98	ルー 98	ルッコラ 81	ルバーブ 99	レディスマントル 99	レモングラス 82	レモンバーベナ 99	レモンバーム 46
レモンユーカリ 100	ローズマリー 42	ローレル 83	ワームウッド 100	ワイルドストロベリー 100	ワサビ 107		

※ハーブ名の下の数字は
　育て方の掲載ページです

とっておきのハーブ百科　新装版

2023 年 5 月 10 日初版発行

編集人　東宮千鶴
発行人　志村 悟
印刷　図書印刷株式会社
発行所　株式会社ブティック社
　　　　　TEL：03-3234-2001
　　　　　〒 102-8620 東京都千代田区平河町 1-8-3
　　　　　https://www.boutique-sha.co.jp/
編集部直通　TEL：03-3234-2071
販売部直通　TEL：03-3234-2081

PRINTED IN JAPAN　　　ISBN：978-4-8347-9072-6

この本は既刊のブティック・ムック no.1418『改訂版　とっておきのハーブ百科』に、ブティック・ムック no.1414『増補改訂版　ガーデニングの基礎』の内容を追加し、書籍化したものです。

編集　　丸山亮平、浜口健太
ブックデザイン・イラスト　みうらしゅう子、和田充美
カメラ　原田真理
監修・写真協力 (ハーブ栽培全般)　大多喜ハーブガーデン　　渡邉 勇
　　　　TEL：0470-82-2556
　　　　〒 298-0201 千葉県夷隅郡大多喜町小土呂 2423
　　　　https://herbisland.co.jp/
ハーブクラフト作品製作・監修　　折原陽子

   FOLLOW ME!!

ブティック社公式アカウントをフォローして、本や手作りの最新情報をチェック！
Instagram、Twitter、YouTubeで「ブティック社」と検索してください。

ブティック社ホームページ
ブティック社 ONLINE SHOP
CF マルシェ
各種 SNS はこちらからアクセス

本選びの参考にホームページをご覧ください
ブティック社　｜検 索｜
https://www.boutique-sha.co.jp